Beat Fischer, Thomas Mathis, Adrian Möhl (Herausgeber)

Erdbeerbaum & Zaubernuss

Haupt

Beat Fischer, Thomas Mathis, Adrian Möhl (Herausgeber)

Erdbeerbaum & Zaubernuss

Pflanzengeschichten aus dem Botanischen Garten Bern

Haupt Verlag
Bern • Stuttgart • Wien

Aus Beiträgen von:
Natalie Baumann, Claudia Baumberger, Ruth Beer, Muriel Bendel, Robert Brügger, Werner Dähler, Stefan Dubach, Nicolas Dussex, Stefan Eggenberg, Beat Fischer, Christoph Grupp, Claudia Huber, Petra Kaltenrieder, Marie-Christine Kamke, Christine Keller, Andreas Marbet, Thomas Mathis, Fabian Meyer, Adrian Möhl, Daniel M. Moser, Ursi Moser, Gregor Nyffeler Anna Poncet, Irene Roth, Bruno Schopf, Daniel Schrag, Patricia von Deschwanden

Kontaktadresse:
Aquilegia
Botanischer Garten Bern
Altenbergrain 21
3013 Bern
www.aquilegia.ch

Gestaltung und Satz: John Philip Berry, Delémont
Illustration Umschlag: Erdbeerbaum (*Arbutus unedo*) und
Virginische Zaubernuss (*Hamamelis virginiana*)
Illustration Titelseite: Adrian Möhl (*Aquilegia vulgaris*)

Bibliografische Information der Deutschen Bibliothek

Die Deutsche Bibliothek verzeichnet diese Publikation in der Deutschen Nationalbibliografie; - detaillierte bibliografische Angaben sind im Internet über http://dnb.ddb.de abrufbar.

ISBN 3-258-07045-80

Printed in Germany

www.haupt.ch

Inhaltsverzeichnis

Liebe Pflanzenliebhaberinnen, liebe Pflanzenfreunde

Das vorliegende Buch hat eine längere Geschichte hinter sich, die ihren Anfang im Herbst 1989 nahm. Damals, als der Verein Aquilegia gerade mal ein Jahr alt war, publizierte die Zeitung «Der Bund» in ihrem Ausgehmagazin «Berner Woche» unseren ersten Artikel. Zwar war dieser noch sehr kurz, doch ein Saatkorn begann zu keimen. Danach erschienen unsere Beiträge unter der Rubrik «Treffpunkt – Botanischer Garten» regelmäßig, ab 1994 monatlich und ganzseitig. Als im Jahr 2002 die «Berner Woche» eingestellt wurde, ging auch unsere Artikelserie zu Ende.

Aufgrund dieser Informationsfülle, die sich in all den Jahren angesammelt hatte, beschlossen wir, die Artikel als Grundlage für ein Buch zu verwenden. Dabei wählten wir die wichtigsten Artikel aus, überarbeiteten, ergänzten und aktualisierten sie.

In dieser Publikation wird einführend die wechselhafte Geschichte des Botanischen Gartens dargestellt, der beispielsweise in den letzten 220 Jahren sechsmal seine Örtlichkeit änderte. Die Grundlage eines jeden botanischen Gartens sind seine Bereiche. Diese werden ausführlich vorgestellt, womit sich eine informative Übersicht bietet. Das eigentliche Herzstück des Buches bilden die «Pflanzengeschichten». Gegliedert nach Jahreszeiten, stellen diese Porträts einzelne Pflanzen und Pflanzengruppen, botanische Themen und biologische Phänomene vor, wie sie im Garten beobachtet werden können. Mit Hilfe des aufklappbaren Gartenplanes und eines Verweises auf die jeweilige Position der Pflanze im Garten sowie anhand anschaulicher Farbfotos wird es den Lesenden ermöglicht, sich auf eine selbstständige Entdeckungsreise durch den Garten zu begeben. In dieser Hinsicht ist das Buch mehr als ein herkömmliches Pflanzenlesebuch, nämlich auch ein verlässlicher und unterhaltsamer Exkursionsführer durch den Botanischen Garten Bern.

Die Nomenklatur der Pflanzen stützt sich auf folgende Werke ab:

- *Heywood, V. H. (ed.) (1982): Blütenpflanzen der Welt. Birkhäuser Verlag Basel -Boston.*
- *Lauber, K. & Wagner, G. (2001): Flora Helvetica. Verlag Paul Haupt, Bern-Stuttgart-Wien.*
- *Mabberley, D.J. (1998): The Plant-Book. Cambridge University Press.*
- *Smith N., Mori S., Henderson A., Stevenson D. & Heald S. (2004): Flowering Plants of the Neotropics. Princeton University Press.*

Wir wünschen Ihnen viel Vergnügen auf der Entdeckungsreise in die spannende Welt der Pflanzen!

Bern, im Frühling 2006
Beat Fischer, Thomas Mathis,
Adrian Möhl

Vorwort

Der Botanische Garten der Universität Bern ist ein herrlicher Ort der Ruhe, der Schönheit, der Kontemplation. Wenn man von der Stadt her von der mit reichlich Verkehr gesegneten Lorrainebrücke in den Garten abtaucht, fühlt man diese Ruhe ganz besonders intensiv. Plötzlich wird es still, man tritt in eine Oase der Stille ein. Zusätzlich ist diese Oase aber mit einem ungeheuren biologischen Reichtum ausgestattet: Am Sonnenhang zur Aare ergibt sich eine große Vielfalt an unterschiedlichen Standorten – Neigung, Hangrichtung, Bodenfeuchte, Beschattung –, die noch erweitert wird durch Gewächshäuser und künstliche Anlagen. Diese Standortvielfalt entspricht einem noch größeren Reichtum an Pflanzenarten aus allen Erdteilen. Es sind um die 6000, so viele, dass sie für Besucher kaum fassbar sind. Die verschiedenen Gruppen – Alpinum, Heilpflanzen, Teich, Hangwiese, dann Palmenhaus, Farnhaus, Sukkulentenhaus, Steppenhaus, Orchideenhaus usw., immer mit passendem Klima und Boden – ermöglichen eine Übersicht.

Die Artikel, die im «Bund» zwischen 1989 und 2002 vom Verein Aquilegia publiziert wurden, mit den vielen angesprochenen Themen und den passenden Illustrationen, zu Geschichte und zur Herkunft der Pflanzen und zu ihrer Wirkung auf Mensch und Tier sprechen viele verschiedene Personen mit unterschiedlichen Interessen, aber auch in verschiedenen Richtungen an. Sie wecken – und befriedigen – die Neugier der Leute auf alle möglichen Gesichtspunkte in der Natur. Die gleichen Aquilegia-Mitglieder beteiligten sich auch immer wieder aktiv am Gedeihen des Gartens, etwa mit Führungen für die verschiedensten Personengruppen. – Hier liegt ja die heute wohl wichtigste Bedeutung botanischer Gärten wie auch der Museen und Zoos: Interesse an der Natur wecken, Leute zum sich Verwundern, zum Staunen bringen über die vielen Erscheinungen in der Natur, vielleicht gar bei den Jungen Lust am mehr Wissen und damit auch am Forschen wecken. Diese Lust kann in viele Richtungen gelenkt werden: in der Biologie z.B. in Richtung Formenvielfalt (Systematik), Verständnis der Funktionen (Physiologie), der Zusammenhänge (Ökologie), der Anpassungen an die Umwelt (Evolution) und vieles anderes, in den Erdwissenschaften z.B. im Zusammenhang mit Klima, auch mit «Climate Change», mit Gesteinen und besonders mit Boden, in der Physik in Bezug auf die Wirkung äußerer Einflüsse auf die Morphologie der Pflanzen für die Regelung des Wasser- und Wärmehaushaltes, in der Chemie der Einfluss der Böden auf die Pflanzen, aber auch auf alle Vorgänge im Innern der Pflanzen. Sogar Pädagogik und Psychologie spielen eine Rolle, wenn es darum geht, das Interesse an andere Menschen weiterzugeben, sie ebenfalls zu begeistern für all die erstaunlichen Leistungen von den Genen in den einzelnen Zellen und allen Vorgängen dort über die einzelnen Pflanzen zu den ganzen Ökosystemen. Schließlich kann auch die Bedeutung der Pflanzen als Grundlage allen Lebens – zur Ernährung aller Lebewesen, zur Atmung usw. – hier sehr gut veranschaulicht werden.

Etwa ab dem 16. Jahrhundert handelte es sich bei Museen, botanischen und zoologischen Gärten um «Raritätenkabinette», wo die Herrschenden auffallende Besonderheiten aus ihren Ländern in aller Welt sammelten. Dann wurden die Besitzer «gwunderig» und beauftragten Forscher, die Spezialitäten zu beschreiben, zu klassieren, Verwandtschaften und später auch Funktionen zu untersuchen. Die Forschung gründete weitgehend auf diesen Sammlungen. Erst sehr viel später, in der ersten Hälfte des 20. Jahrhunderts, wurden die Forscher von den Sammlungen weitgehend unabhängig und machten ihre Untersuchungen entweder im Labor unter genau kontrollierten Bedingungen oder aber in der freien Natur unter den natürlichen Bedingungen – die botanischen Gärten schienen nahezu überflüssig zu werden. Sehr bald gab man ihnen aber eine ganz wichtige, neue Aufgabe: Sie helfen uns heute, auch in der Großstadt noch direkte Beziehungen zur Natur aufrechtzuerhalten, nicht nur virtuell im Fernsehen und am Computer, uns daran zu erfreuen und auch wahrzunehmen, welcher Reichtum, welche Schönheit um uns herum existiert, oft ohne dass wir uns dessen gewahr werden. Hier sieht man aber auch, was wir in der Natur mit unseren Eingriffen alles bewirken können, gezielt oder als Nebenwirkung. Für die heutigen Menschen, die glauben, sie könnten sich von der Natur ganz emanzipieren, ist es sehr wichtig, wenn sie immer wieder darauf hingewiesen werden, dass die Menschheit als Ganzes eben doch ganz und gar von der Natur abhängig bleibt. Oder können Sie sich auf Dauer ein Leben vorstellen, das auf aufwändigen chemischen Prozessen beruht, beispielsweise zum Entfernen des Atmungs-CO_2 aus der Atmosphäre, einem Vorgang, den die Pflanzen so nebenher, bei der Photosynthese durchführen, oder zum vollständigen Aufbau unserer Nahrung in der Retorte, oder zur Beseitigung all unserer Abfälle ohne bakterielle Unterstützung? Für ein von uns geschaffenes Raumschiff mag das für einige Zeit funktionieren, aber für das ganze Raumschiff Erde?

Eine wichtige Aufgabe haben die botanischen Gärten für den Naturschutz, zur Erhaltung bedrohter Arten. Diese können hier kultiviert werden, um die Bedingungen zu finden, die erfüllt sein müssen, wenn sie gedeihen sollen. Sie können hier vermehrt werden, um sie später wieder an geeignete Stellen in die Natur zurückzubringen, beispielsweise dorthin, wo sie vor einem für sie schädlichen Eingriff existiert haben, und sie auch dort mit dem bei der Kultur erlernten gärtnerischen Wissen weiter zu pflegen und zu erhalten. Das betrifft vor allem Arten aus der weiteren Umgebung, seltener auch solche aus anderen Klimaregionen.

Die botanischen und die zoologischen Gärten ebenso wie die Museen haben also heute ihre Aufgaben in der Forschung immer noch wahrzunehmen, wenn es darum geht, breite Vergleiche vorzunehmen, Material für gezielte Versuche bereitzustellen. Daneben aber sind sie ganz besonders wichtig für die Popularisierung des Wissens, für den Unterricht auf allen Stufen, vom Kindergarten bis zur Erwachsenenbildung, um uns auch heute den Zugang zur Natur zu sichern und damit auch zu deren Erhaltung einen wichtigen Beitrag zu leisten. Die Gewächshäuser sind ein wichtiges Glied im Unterricht, gestatten sie doch einen Betrieb auch im Winter.

Wir sind dem Verein Aquilegia, einer Vereinigung von ehemaligen und aktiven Studierenden der Biologie und von Botanikliebhabern, besonders aber den Autoren der vorliegenden Texte und dem Verlag Paul Haupt zu grossem Dank verpflichtet, dass sie etwas von diesen Aufgaben übernommen haben und sie auch verwirklichen.

Köniz, im Dezember 2005
Prof. em. Dr. Otto Hegg
Ehemaliger Direktor
des Botanischen Gartens
der Universität Bern

Die Geschichte des Botanischen Gartens

Der Botanische Garten Bern hat eine fast 220-jährige Tradition. In den ersten 70 Jahren änderten seine Örtlichkeiten und seine Trägerschaften mehrmals. So gründeten Private die ersten botanischen Anlagen, mit der Zeit übernahm die öffentliche Hand deren Führung und Finanzierung.

Vorläufer des heutigen Gartens

1789 Der erste Botanische Garten in Bern wurde an der Vannazhalde – unterhalb des Bundeshauses – durch die «Privatgesellschaft naturforschender Freunde in Bern» gegründet. Vor allem Jakob Samuel Wyttenbach, Pfarrer an der Heiliggeistkirche, Apotheker Morell von der Rathausapotheke und Kriegsratschreiber Albrecht von Haller, jüngster Sohn des Universalgelehrten, setzten sich für den Garten ein.

Jakob Samuel Wyttenbach (um 1789)

1790 Der Garten erhielt schon nach einem Jahr einen neuen Platz, weil die Kinder des Obergärtners «die Keime der ausgesäten Pflanzen zertreten hatten und überhaupt der Garten schlecht besorgt war». Er wurde an die Judengasse (heute Kochergasse) versetzt und dem Inselspital angegliedert, welches sich damals an dieser Stelle befand.

1796 Der Botanische Garten zog erneut um, diesmal an den Langmauerweg. Die Berner Regierung unterstützte dieses Projekt mit einem finanziellen Beitrag. Dieser Garten bestand bis 1816.

1804 Ein neuer Botanischer Garten entstand bei der heutigen Stadt- und Universitätsbibliothek. Das Grundstück wurde von der Burgergemeinde zur Verfügung gestellt. Damals gehörte der Garten zu einer Privaten Akademie, die Mediziner und Pharmazeuten ausbildete. 1823 waren in diesem Garten bereits 300 Alpenpflanzen in Kultur. Er blieb bis 1863 bestehen.

1809 In Bern wurde ein fünfter Botanischer Garten gegründet, am Rande des Bremgartenwaldes, wo heute der Studerstein steht. Er war der damals grösste der Schweiz, mit 320 winterharten Gehölzarten. Die ganze Anlage war für die Öffentlichkeit frei zugänglich, was für die Schweiz ein Novum bedeutet. Dieser Garten bestand bis 1863. Heute zeugen noch einige wenige alte Bäume von der einstmals prächtigen Anlage. Hier war also den Bernern eine gewisse Selbstdarstellung möglich, etwas, das sonst eher den Adelshäusern zustand.

Gründung des heutigen Botanischen Gartens

1859 Der alte Garten bei der Stadt- und Universitätsbibliothek wurde zu klein und genügte den Ansprüchen des Medizin-Unterrichts der 1834 gegründeten Universität nicht mehr. Deshalb beschloss der Regierungsrat des Kantons Bern, am Rabbental ein Grundstück zu kaufen und dort einen Botanischen Garten einzurichten und ein Botanisches Institut zu bauen. Als allgemeiner Grundsatz für den Bau des Gartens «wurde angenommen, dass sämtliche Anlagen möglichst den englischen Systemen angepasst werden sollen und die geraden und regelmäßigen Linien und Einteilungen möglichst zu vermeiden seien». Nach diesem Prinzip wurde der englische Landschaftsgarten zwischen Lorrainebrücke, Altenbergrain und Aare erstellt. Ingenieur Durheim entwarf den Gartenplan. Gegen 4000 m³ vortrefflicher Erde konnten dank der Eisenbahn vom Bau des Güterbahnhofs direkt zum Botanischen Garten gebracht werden. Für die Erdarbeiten wurden zum Teil Sträflinge eingesetzt.

Neuer Botanischer Garten (1861)

Institutsgebäude (um 1920)

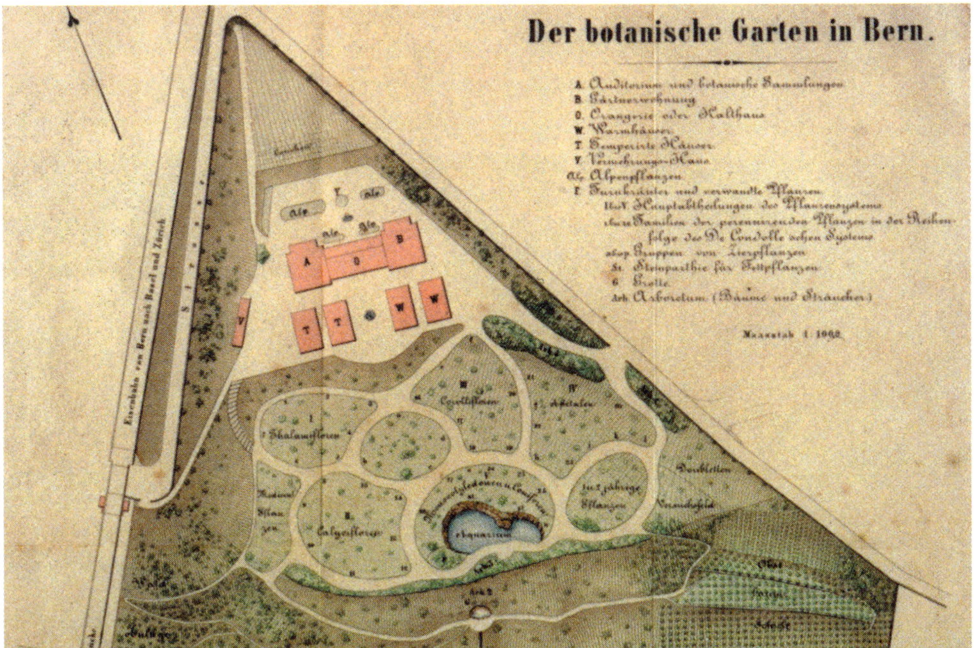

Gartenplan (1866)

Institutsgebäude (um1930)

Altes Palmenhaus (um 1940)

Neubau Gewächshäuser (1975)

1862 Die Bauten und die Anlage des neuen Botanischen Gartens wurden fertig gestellt. Die vier ersten Schauhäuser in Bern entstanden auf der teilweise aufgeschütteten Terrasse vor dem Institutsgebäude und die erste Orangerie wurde eingeweiht. Die letzten Pflanzen wurden aus dem alten Garten bei der Stadt- und Universitätsbibliothek in den neuen gezüglet und im Auditorium fand die erste Vorlesung statt. Für die Bepflanzung unternahm Obergärtner Schweizer Einkaufsreisen, beispielsweise ins Elsass zu einem großen Gartenbaugeschäft. Er machte auch Erkundungsreisen im In- und Ausland.
Seit dieser Zeit war der Garten eine wichtige Ausbildungsstätte für die Universität, wo vor allem Mediziner, Pharmazeuten, Biologen und Lehrer die Pflanzen studieren konnten.

1905 Das erste große Schauhaus, das Palmenhaus, wurde hinter dem Institut gebaut. Es war 13 Meter hoch und wurde 1977 abgerissen.

1976 Eröffnung der drei neuen Schauhäuser: Palmenhaus, Farnhaus und Sukkulentenhaus. Sie verdrängten unter anderem den alten Schulgarten, eine Sammlung von Gemüsearten, einen Teil des Systems sowie eine Sammlung von Fichtenformen.

2001 Gründung des Fördervereins für den Botanischen Garten. Diese Stiftung ist seit 2002 zusammen mit der Universität Bern für die Finanzierung des Botanischen Gartens zuständig.

Literatur: Hegg O. (1999): Geschichte des Botanischen Gartens Bern von 1789 bis 1996. Mitteilungen der Naturforschenden Gesellschaft in Bern. 56. Band.

Die Bereiche des Botanischen Gartens

Aufteilung und Schwerpunkte

Die Aufteilung des Botanischen Gartens Bern in einzelne Bereiche erfolgt nach verschiedenen Kriterien. Die wichtigsten sind: Geografie, Ökologie, Lebensform (zum Beispiel Wasserpflanzen oder Sukkulenten), Nutzung und Inhaltsstoffe der Pflanzen. Im Zentrum der Anlage liegt das Alpinum, welches sowohl inhaltlich wie auch flächenmäßig das eigentliche Herzstück des Gartens darstellt. Neben den Alpenpflanzen spielen die Gewächse der kalten Steppen eine wichtige Rolle. Ihnen wurde ein eigenes Glashaus, das Steppenhaus, gewidmet. Eine weitere Spezialität sind die Pflanzen aus dem Mittelmeergebiet, von denen eine große Auswahl gezeigt wird. Für sie sind ein Glashaus sowie zwei Freiluftanlagen reserviert. Eine beliebte und typische Berner Spezialität ist der Bauerngarten. Wie es sich für einen Botanischen Garten gehört, vervollständigen ein Heilpflanzengarten und tropische Schauhäuser die Sammlung. Insgesamt beherbergt der Garten rund 6000 Pflanzenarten.

Klima und Lage

Der Garten profitiert von einer ausgesprochen milden Lage. Die ausgeprägte Südexposition, das ausgleichende Klima der Aare und das ohnehin mildere Stadtklima (siehe auch Seite 48) sind dafür verantwortlich, dass die Temperaturen für die Pflanzen besonders günstig sind. So gedeihen hier Pflanzen, die normalerweise in der Nordschweiz kaum über längere Zeit im Freiland überleben könnten; der Weihrauch-Wacholder (*Juniperus thurifera*) im westlichen Alpinum ist dafür ein gutes Beispiel.

Funktion und Aktivitäten

Der Botanische Garten Bern ist ganzjährig geöffnet und den Besuchenden frei zugänglich. Die größte Artenvielfalt und die meisten Blüten finden sich im Frühling und Frühsommer. In der kalten Jahreszeit bieten sich vor allem die Schauhäuser mit ihrer Fülle an tropischen und subtropischen Pflanzenarten für einen Besuch an. Die Anlage dient sowohl als Naherholungsgebiet, als auch der Aus- und Weiterbildung. Der Botanische Garten nimmt weitere Funktionen wahr, wie zum Beispiel verschiedene Programme zum Erhalt von bedrohten Arten. Zudem dient er als Sitz von CITES Schweiz, dem Kontrollorgan des internationalen Handels mit geschützten Pflanzen. Zusammen mit dem Alpengarten Schynige Platte erstellt er alljährlich einen Samenkatalog, welcher für den Austausch von Samen mit anderen Botanischen Gärten von großer Bedeutung ist. Neben zahlreichen botanischen Führungen und Veranstaltungen hat sich der Botanische Garten Bern auch als ideale Bühne für verschiedene kulturelle Veranstaltungen einen Namen geschaffen.

Alpinum

Das Alpinum ist das Herzstück des Botanischen Gartens. Mit rund 1500 Arten aus europäischen, asiatischen und nordamerikanischen Gebirgen zählt es zu den artenreichsten Bereichen des Gartens.

Das Alpinum, auch Alpenpflanzengarten genannt, ist nach pflanzengeografischen Kriterien angeordnet. Im westlichen Teil wachsen Pflanzen aus den **Pyrenäen** und den **Westalpen**, im zentralen und größten Teil des Alpinums aus den **Schweizer Alpen**. Im östlichen Teil präsentieren sich die alpinen Elemente der **Ostalpen** sowie der Karpaten und des **Balkans**. Daneben befindet sich die Flora aus den **Rocky Mountains** und dem **Himalaya**.

Die Pflanzen im Schweizer Teil des Alpinums sind nach ihrem jeweiligen Lebensraum eingeteilt. Dabei werden verschiedene Pflanzengesellschaften unterschieden. Auf den alpinen Gesteinsfluren gedeihen Pflanzen, die sich auf flachgründige Böden spezialisiert haben. In der **Magerweide** herrschen nährstoffarme Bodenverhältnisse. Hier blüht zum Beispiel der Koch'sche Enzian. Entlang des kleinen Bächleins findet man Pflanzenarten, welche die **Feuchtrasen** und die Bachufer der Alpen repräsentieren. Auf den Böden der **Fettweiden** und der Lägerfluren wachsen üppigere, nährstoffliebende Pflanzen. In den Schuttfluren leben an den oft in Bewegung stehenden, steinigen Untergrund angepasste Pflanzen.

Am Fuß des Alpinum-Hanges stehen die großblättrigen und hochwüchsigen Pflanzen der **Hochstaudenfluren**. Diese Pflanzen wachsen unglaublich schnell, so dass im Laufe des Sommers eine meterhohe Vegetationsdecke entsteht.

Das kalkarme Gestein der Zentralalpen zeichnet sich durch eine besondere Artenzusammensetzung aus. An der westlichen Ecke des Alpinums gedeihen auf saurem Boden von Granitgesteinen Vertreter der **Urgesteinsflora**.

Tuffgestein

Das Tuffgestein ist ein in Alpengärten beliebtes Gestein. Es wird von einem Moos gebildet, das in Quellfluren wächst und den Kalk des Wassers in den abgestorbenen Moosblättchen auskristallisieren lässt. Daraus entsteht ein sehr poröses Tuffgestein, das als optimale Unterlage für viele Gebirgspflanzen dient. Im Tuffsteingarten lässt sich Polster- und Zwergwuchs von alpinen Pflanzen gut studieren, und fast den ganzen Sommer blühen hier viele Alpenpflanzen in den verschiedensten Farben.

Trockenes Wallis und Getreideacker

Im Bereich Trockenes Wallis stehen typische Pflanzenarten, die in den Walliser Felsensteppen und Trockenwiesen beheimatet sind. Sie sind an die trockensten Gebiete der Schweiz angepasst. Besonders auffällige Bewohner sind unter anderen das Frühlings-Adonisröschen, die Berg-Anemone, der Kugelköpfige Lauch, die Südliche Skabiose und der Gemeine Natterkopf. Verschiedene charakteristische Gräser, wie das Federgras oder das Gewimperte Perlgras, sorgen für eine reizvolle Umgebung.

Im angrenzenden Getreideacker präsentiert sich die stark gefährdete Flora der Brach- und Getreideäcker, Weinberge, Ruderalplätze und Wegränder.

Jura

Der Jura ist ein Gebirgszug aus meist hartem Kalkgestein. Kalkböden sind häufig nährstoffarm und trocken, da das Wasser mit den Nährstoffen leicht abfließen kann. Für die Pflanzen bedeutet diese Umgebung oft Stress. Diese Verhältnisse führten dazu, dass sich eine typische Jura-Flora entwickeln konnte, die sich an die trockenen und basischen Verhältnisse angepasst hat. Neben der typischen Flaum-Eiche gedeihen hier auch der Blasenstrauch mit seinen aufgeblasenen Früchten und der Purpur-Klee mit seinen leuchtenden Blütenständen.

Info-Aquilegia

Die Pflanzengattung der Akelei, die dem Verein Aquilegia ihren Namen geliehen hat, genießt seit ein paar Jahren einen äußerst prominenten Platz oberhalb des westlichen Eingangs zum Alpinum. Hier wächst eine große Sammlung von verschiedenen Akeleien sowie ihnen nah verwandten Pflanzen. Im Frühsommer können hier Akelei-Arten aus Europa, Nordamerika und Asien bestaunt werden.

Aus verschiedenen Kontinenten

Australien und Neuseeland

Die im Sommer 2004 erstellte Anlage zeigt Pflanzen aus dem australischen Florenreich und dem Gebiet von Neuseeland. Direkt vor dem Institutsgebäude sind Pflanzen aus Australien zu sehen. Viele sind in Kübel gepflanzt und nur während den Monaten ohne Frost ausgestellt.

Vor dem Steppenhaus befinden sich Pflanzen aus Neuseeland. Auch wenn Australien und Neuseeland heute relativ nahe beeinander liegen, weisen sie doch unterschiedliche Pflanzenwelten aus. Es gibt jedoch auch Übereinstimmungen: Viele Pflanzengattungen entstanden bereits in einer Zeit, als es nur einen großen Südkontinent gab, das Gondwanaland. Dies ist der Grund, warum es zwischen den Floren von Südafrika, Indien, Australien, Südamerika und Neuseeland relativ viele Gemeinsamkeiten gibt.

Nordamerikanisches Hochmoor

Liebhaber von fleischfressenden Pflanzen werden in diesem Bereich auf die Rechnung kommen. Im sauren und nährstoffarmen Hochmoor haben viele Pflanzen Mechanismen entwickelt, um Insekten zu erbeuten, die verdaut und als Dünger verwendet werden. In diesem Bereich finden wir auch einen speziellen nordamerikanischen Frauenschuh sowie weitere spannende Pflanzen aus den Hochmooren Nordamerikas.

Asien

Diese Anlage liegt oberhalb des Palmenhauses, hinter dem Zaubernuss-Wäldchen zwischen Schauhäusern und Altenbergrain. Auf verschiedenen Etagen werden insbesondere winterharte Pflanzen aus Japan und China vorgestellt. Besonders erwähnenswert sind die Sammlung an Pfingstrosen sowie etliche immergrüne Büsche aus Japan. Komplementär werden viele Arten aus der gleichen Region im Moorbeet oberhalb des Waldgartens vorgestellt. Hier sind es besonders säureliebende Pflanzen, wie etwa verschiedene Rhododendren, die im Frühjahr sehr attraktiv blühen.

Freiland-Sukkulenten

Die Sammlung der Freiland-Sukkulenten umfasst Arten, welche den kalten Winter bei uns gut überstehen. Präsentiert werden vor allem Kakteen, die fast nur in der Neuen Welt vorkommen.

Mittelmeer

Auf der Höhe des Sukkulentenhauses befindet sich ein weiterer Teil mit Mittelmeervegetation. Einerseits werden auf der Terrasse im Sommer die nicht winterharten Kübelpflanzen wie etwa der Oleander oder der Granatapfelbaum gezeigt. Anderseits wachsen in diesem Teil auch eine Reihe von Pflanzen, die unseren kalten Wintern durchaus gewachsen sind, wie etwa die prächtige Igel-Tanne aus Andalusien. Neben dem Mittelmeerhaus befindet sich die Mittelmeerrabatte, wo die etwas winterhärteren Gewächse gedeihen.

Südafrika

Das frisch gestaltete Beet zeigt Pflanzen aus dem Kapland, einer Region, die für eine ungewöhnlich große Artenvielfalt bekannt ist. Neben wohlbekannten Gartenpflanzen aus Südafrika wird hier eine Auswahl von besonderen einjährigen Pflanzen und Spezialitäten der Kapensis gezeigt. In den Sommermonaten kann eine Auswahl typischer Repräsentanten aus den Familien der Protea-Gewächse, der Irisgewächse oder der Geraniaceen (insbesondere der Gattung *Pelargonium*) in Kübeln betrachtet werden.

Nutz- und Heilpflanzen

Heilpflanzengarten

Dieser Garten ist nach den Inhaltsstoffen der Pflanzen geordnet. Die Etikette einer jeden Pflanze ist mit einer Farbe versehen, die uns Auskunft über die wirksame Droge gibt. So finden sich zum Beispiel in der Ecke mit den ätherischen Ölen (blau) besonders viele intensiv duftende Pflanzen und in der Ecke mit den Alkaloiden (schwarz) besonders stark wirkende und giftige Kräuter. Vom Frühling bis spät in den Herbst blüht es hier üppig, und die Besuchenden haben Gelegenheit, berühmte und unbekannte Heil- und Gewürzpflanzen zu bestaunen.

Bauerngarten

Der Berner Bauerngarten wurde nach traditionellem Muster der Barockzeit angelegt. Viele der hier gezeigten Pflanzen werden seit langen Zeiten in den Gärten im Berner Mittelland und im Emmental angepflanzt. Besonders auffällig ist, dass viele von ihnen eine Doppelfunktion haben. Zum einen werden sie zu ornamentalen Zwecken gezogen, zum anderen dienen sie auch als Gewürz- oder Heilpflanzen. Im Sommer können Sie hier Ihre Nase auf einem Kräuterparcours testen.

Freilandbereiche thematisch

Grünfläche und Arboretum
Seit der Gründung des Botanischen Gartens vor rund 150 Jahren ist eine artenreiche Gehölzsammlung aus Bäumen und Sträuchern entstanden. Ein Großteil dieser Sammlung wächst im Waldgarten, weitere Gehölze sind auf der ganzen Gartenfläche verteilt anzutreffen.

Mit Grünfläche und Arboretum werden all jene Flächen des Gartens bezeichnet, welche nicht einem bestimmten Bereich zugeordnet sind. Im Sommer ist die Liegewiese sehr beliebt.

Zaubernuss-Wäldchen
Das Zaubernuss-Wäldchen ist ein Relikt aus einer Zeit, als die Pflanzen im Garten nach ihrer systematischen Verwandtschaft angeordnet wurden. Hier pflanzte man verschiedene Gehölzarten aus der Familie der Zaubernussgewächse an. Einige sind auch heute noch anzutreffen, wie etwa der Amerikanische Amberbaum, verschiedene Zaubernüsse und die Scheinhasel. Später wurde die Sammlung mit einer Mischung aus laubwerfenden Gehölzen weiterer Familien aus der Nordhemisphäre ergänzt. Prominent vertreten sind einige einheimische Gewächse, wie beispielsweise die Stiel-Eiche, die Rotbuche oder die Kornelkirsche.

Waldgarten
Die ältesten Bäume im Garten stammen aus der Gründerzeit. So wurde beispielsweise die Japanische Sicheltanne im Waldgarten schon um 1860 gepflanzt. Der Waldgarten weist weitere imposante Nadelgehölze wie die Atlas-Zeder, die Schwarz-Kiefer, die Japanische Nusseibe oder die Eibe auf. Ergänzend zur artenreichen Gehölzflora finden sich verschiedenste Sträucher aus der Nordhemisphäre. Im Unterwuchs gedeiht ein breites Spektrum an schattentoleranten Kräutern und Farnen, welche aus Japan, China, Amerika und Europa stammen.

Sumpf- und Wasserpflanzen
Im unteren Waldgarten werden in verschiedenen Gewässern unterschiedlicher Tiefen Wasserpflanzen vorgestellt. Da die Pflanzen im feuchten Milieu generell eine längere Entwicklungszeit haben, sind diese Anlagen besonders im Spätsommer und Frühherbst attraktiv. Auf der westlichen Seite wird der Lebensraum Teich möglichst naturgetreu gezeigt; in der Anlage auf der Seite der Gewächshäuser stehen einzelne Arten wie etwa der Kleine Rohrkolben oder die Wassernuss im Mittelpunkt.

Weitere Themen

Ruderalfläche
Auf dieser Kiesfläche gedeihen einheimische, zum Teil sehr hochwüchsige Pionierpflanzen. Es sind Pflanzenarten, welche in der Natur vor allem vegetationsfreie und häufig vom Menschen gestörte, so genannte ruderale Flächen besiedeln. Dieser Vegetationstyp besiedelt beispielsweise ehemalige Fabrikgelände. Das reiche Blütenangebot der häufig zweijährigen Pflanzen widerspiegelt, wie vielfältig eine solche Fläche im Siedlungsgebiet sein kann.

Hallerrabatte
Die Hallerrabatte dient als Vorzeigebeispiel für eine ideale Gestaltung von Gebüsch-Rabatten. Hier geht also die Garten-Ästhetik dem botanischen Wert der Sammlung vor. In der Mitte der Anlage steht eine Büste von Albrecht von Haller (1708–1777), dem weltberühmten Naturforscher, Botaniker und Magistraten aus Bern. Tafel und Büste wurden von seinen Mitbürgern 1810 gestiftet.

Orangerie, Anzucht und Grotte
In der Orangerie überwintern kälteempfindliche Topfpflanzen, die während der Vegetationszeit in den Außenanlagen bewundert werden können.

Der Anzucht-Bereich ist ein der Öffentlichkeit nicht zugänglicher Teil. Hier wachsen die Pflanzen, welche später in den Außenanlagen präsentiert werden.

Bei der Grotte wachsen Pflanzen, die an schattige und luftfeuchte Standorte angepasst sind.

Unmittelbar daneben gedeihen Vertreter der chilenischen Flora, wie beispielsweise verschiedene Südbuchen oder die Chilenische Gunnera.

Jahreszeiten-Wildgarten
Schmetterlings- und Raupengarten
Im untersten, etwas versteckten Teil des Gartens präsentiert sich vom Frühling bis in den Spätherbst eine üppige Blütenpracht von verschiedenen Gartenpflanzen.

Im Schmetterlings- und Raupengarten können wichtige Futterpflanzen für einheimische Schmetterlingsraupen angetroffen werden.

Schauhäuser und Vitrinen

Steppenhaus

Das Steppenhaus zeigt Pflanzen aus den kalten Steppen Zentralasiens. Diese Gebiete sind stark kontinental geprägt: Die Sommer sind sehr heiss und niederschlagsarm, die Winter eisig kalt und trocken. Aufgrund der großen Tockenheit fehlen Bäume. Nur während etwa drei bis vier Monaten ist genügend Feuchtigkeit für das Pflanzenwachstum vorhanden. Die Steppenpflanzen sind an das unwirtliche Klima gut angepasst und schützen sich durch Behaarung, ätherische Öle und Stacheln gegen Beeinträchtigungen. Viele beliebte Gartenpflanzen wie etwa Tulpen oder Krokusse stammen ursprünglich aus den kalten Steppen. Am schönsten blüht es hier von März bis Mai.

Vitrinen

Neben dem Steppenhaus präsentieren sich in vier kleineren Vitrinen besondere Prunkstücke des Gartens. In den beiden nördlichsten Glaskästen werden fleischfressende Pflanzen gezeigt. Während der Sommermonate lassen sich hier die verschiedenen Fangmechanismen der Pflanzen sehr schön beobachten.

In der dritten Vitrine gedeihen winterharte Kakteen. Im Sommerhalbjahr ergänzen ausgewählte Einjährige mit ihren bunten Blüten das Bild.

Die dem Alpengarten am nächstenliegende Vitrine zeigt eine Auswahl von besonderen Gebirgspflanzen. Das so genannte «Schmuckkästchen» stellt fast das ganze Jahr botanische Besonderheiten zur Schau.

Mittelmeerhaus

Die Gäste aus dem Süden benötigen ein mildes Winterklima und sind an den heißen Mittelmeersommer bestens angepasst. Ab Ende Februar blühen die ersten Erdorchideen, verschiedene Irisgewächse sowie die Palinuri-Primel. Unter einem Oliven- oder Erdbeerbaum und beim Duft der Zistrosen kann man hier wunderbar von vergangenen Ferien träumen.

Orchideenhaus

Die Familie der Orchideengewächse ist eine der größten Pflanzenfamilien, die sich besonders in den Tropen entfalten konnte. Mit ihren hoch spezialisierten Blüten haben diese Pflanzen den Menschen schon immer in ihren Bann gezogen. Verschiedene Farne, Ananasgewächse oder die seltsame Ameisenknolle sind hier ebenfalls anzutreffen.

Palmenhaus

Das Palmenhaus beherbergt Pflanzen aus dem tropischen Regenwald. Dazu gehören Gewächse aus den amerikanischen, afrikanischen und asiatischen Tropen. Charakteristisch für diesen Lebensraum ist das Klima, welches immerfeucht ist und eine ständig hohe, gleichmässige Temperatur aufweist. Dank diesem ganzjährig konstant ausgeglichenen «Treibhausklima» beherbergt der Regenwald eine außerordentliche Vielfalt an Formen und Farben und einen enormen Artenreichtum.

Wie im echten Dschungel gedeihen hier Vertreter verschiedener Lebensformen wie Bäume, Stauden, Lianen, Epiphyten, Krautpflanzen oder Wasserpflanzen. Aufgrund der begrenzten Gewächshaus-Höhe fehlen die eigentlichen Baumriesen des tropischen Regenwaldes.

Farnhaus

Das Klima im Farnhaus ist ebenfalls tropisch, aber weniger warm und feucht als im Palmenhaus. Es entspricht demjenigen der tropischen Bergnebelwälder. In diesen Regionen wechseln sich kürzere und längere Regen- und Trockenzeiten ab.

Hier dominieren Baumfarne, Palmfarne und Palmen. Die hohe Luftfeuchtigkeit ist ideal für verschiedene Epiphyten. Diese Pflanzen haben sich dank besonderen Einrichtungen vom Erdboden unabhängig gemacht und leben auf den Ästen großer Bäume. Die kleine Cafeteria im Farnhaus lädt zudem zum Verweilen ein.

Sukkulentenhaus

Im Sukkulentenhaus gedeihen Pflanzen aus den warmen Trockengebieten der Tropen und Subtropen, den Savannen, Halbwüsten und Wüsten. Hohe Wärmegrade und saisonaler Wassermangel zwingen die dort wachsenden Pflanzen, Wasser zu sammeln und zu speichern, um lange Trockenperioden zu überstehen. Kennzeichnend für diesen extremen Lebensraum sind die Sukkulenten. Im Sukkulentenhaus ist es im Sommer heiß und trocken, in der Übergangszeit und im Winter kühl und trocken. Der Mittelweg bildet eine geographische Grenze zwischen den afrikanisch-asiatischen («Alte Welt») und den amerikanischen Pflanzen («Neue Welt»). So befinden sich beispielsweise die Kakteen aus der Neuen Welt im unteren Teil und die Wolfsmilchgewächse aus der Alten Welt im oberen Teil des Sukkulentenhauses. Eine Auswahl der Flora der Kanarischen Inseln wächst ebenfalls im Bereich der Alten Welt.

Der Frühling ist die Jahreszeit des Neubeginns, des Sprießens, des Anfangs. Viele Pflanzen können das Abklingen der kalten Jahreszeit kaum erwarten und lugen mit ihren zarten Blattspitzen oder ihren farbigen Blütenkrönchen schon nach den ersten wärmeren Sonnentagen im März aus dem Boden. Während im Mittelmeerhaus und im Steppenhaus zu dieser Jahreszeit bereits alles duftet, sprießt, schießt und ein wahrer Hochbetrieb herrscht, beginnt in den Außenanlagen das bunte Treiben um die Tag-Nacht-Gleiche erst zaghaft. Später dann leuchten die farbigen Blütenteppiche unter den Bäumen im Zaubernuss-Wäldchen um die Wette und auch im Alpengarten strahlen uns die ersten Wagemutigen entgegen. Beim Lied der Amsel im Abendlicht durch den Botanischen Garten streifen ... wo könnte der Frühling schöner sein? Bei einem Spaziergang lässt sich das Glück kaum im Zügel halten. Die Veilchen duften jetzt gar süß und schon haben sich Sonnenhungrige auf dem Rasen und Verliebte auf den Bänkchen breit gemacht. Wenn dann die ersten Kirschblüten, Schneeflocken gleich, zu Boden segeln, lässt er sich nicht mehr aufhalten, der neue Frühling. Alles ist im Lichte dieses Neuanfangs, pendelt zwischen verschlafener Zaghaftigkeit und ungebändigter, neuer Lebenskraft.

Frühes Erwachen

«Der Märzwind saust über das Pflänzchen; tausend Schneeflocken wirbeln darauf herab oder die trockenen Blätter ringsum fliegen auf und flüstern von Vergehen und Sterben. Mitten unter ihnen steht das kleine Pflänzchen, wächst unaufhaltsam dem Licht entgegen, immer auf die Sonne hoffend und auf das Leben. Und als endlich ein heller Strahl durch die Nebel bricht, da ist plötzlich aus der grünen Knospe das reizende Schneeglöckchen geworden.»

Auch wenn es für das erste Schneeglöckchen mehr als einen Sonnenstrahl braucht, so beschreibt Carus Sterne die Stimmung, wie sie in den ersten Frühlingstagen unter den großen Bäumen im Botanischen Garten herrscht, gar trefflich. Wer kurz nach der Schneeschmelze den Vorfrühling am Altenbergrain genießt, wird von einem bunten Teppich von Frühblühern empfangen.

Gelbe und blaue Sterne

Steht man oberhalb des Alpinums, so fallen als Erstes die leuchtend gelben Blüten des aus Südeuropa stammenden Winterlings (*Eranthis hyemalis*) unterhalb der großen Lärchen ins Auge. Das Gelb und die Blütenform erinnern uns an einen Hahnenfuß (*Ranunculus* sp.), mit welchem die acht Arten aus der Gattung des Winterlings nahe verwandt sind. So unschuldig und fröhlich der Winterling auch ausschaut – er ist mit seiner geballten Ladung an Herzglykosiden eine potente Giftpflanze. Als schöner Kontrast zu den Winterlingen blühen unter den winterlich kahlen Bäumen auch Schneeglöckchen (*Galanthus nivalis*) und Schneestolz (*Chionodoxa luciliae*). Während Ersteres ein Amaryllisgewächs (*Amaryllidaceae*) ist und zur einheimischen Flora gehört, so wird der aus Kleinasien stammende Schneestolz zur Familie der Hyazinthengewächse (*Hyacinthaceae*) gezählt. Nur gerade sechs Arten umfasst die kleine Gattung des Schneestolz und wenn man sie in der Wildnis sehen will, muss man schon sehr früh im Jahr in den Gebirgen der Türkei oder Zyperns herumabenteuern. Die leuchtend blauen Sterne sind einfach zu ziehende und beliebte Gartenpflanzen und deshalb auch hier und da in der Schweiz aus Gärten verwildert. Unter der großen Stiel-Eiche oberhalb der Schauhäuser finden wir weitere blaue Sterne, den Zweiblättrigen Blaustern (*Scilla bifolia*). Die Ähnlichkeit mit dem Schneestolz kommt nicht von ungefähr: Die beiden Arten sind nahe verwandt. Der Zweiblättrige Blaustern ist ein in Natur selten gewordenes Element der Auen- und feuchten Laubmischwälder; in milderen Regionen kann man ihn aber durchaus einmal auf einem Frühlingsspaziergang entdecken.

Himmelsbrot

Bald schon, noch bevor sich das Kronendach der Bäume mit frischem Laub begrünen wird, erfreuen auch im Wald gelbe und weiße Blütenteppiche unsere Augen und Nasen. Dort werden wir vielleicht auf eine Pflanze treffen, die uns an den Winterling erinnert. Leuchtend gelb heben sich in feuchteren Bodensenken die sternförmigen Blüten des Scharbockskrautes (*Ranunculus ficaria*) vom glänzend grünen Hintergrund seiner nierenförmigen Blätter ab. Früher, als es weder Obstimporte noch Tiefkühlkost gab, spielten seine frischen Blätter nach den langen Wintermonaten eine wichtige Rolle im Speiseplan. Darauf geht der deutsche Name zurück: Die altertümliche Bezeichnung für die Mangelerkrankung Skorbut war «Scharbock». Man wusste, dass die Vitamin-C-reichen jungen Blätter dem Vitaminmangel entgegenwirkten. Probierwillige seien jedoch gewarnt, die Blätter sind nur bis zur Blüte der Pflanze genießbar, später werden sie giftig.

Bei uns vermehrt sich das Scharbockskraut fast nur auf vegetative Weise. Dabei werden etwa getreidekorngroße Brutknöllchen ausgebildet, die stärkehaltig sind. Sie sollen am Ursprung der Sage vom Getreideregen liegen – tatsächlich lassen sie sich auch essen.

Gründe für den Frühstart

Man könnte sich wundern, von welcher Hast die zahlreichen zarten Frühlingsgeschöpfe getrieben sind, wenn sie in der noch sehr kalten Jahreszeit blühen. Die Eile ist aber begründet, denn die frühblühenden Pflanzen in Laubwald und Garten sind allesamt ökologische Spezialisten. Sie haben ihren Entwicklungs- und Blührhythmus genau auf die Zeit eingerichtet, in der es einerseits nicht mehr allzu kalt ist und andererseits noch sehr viel Licht auf den Boden fällt.

Aber woher nehmen diese kleinen Blümchen die Kraft, innert kürzester Zeit nach der winterlichen Vegetationspause so schöne und auffällige Blüten zu bilden? Die meisten Frühblüher haben über Jahrmillionen die Überlebensstrategie entwickelt, unterirdische Speicherorgane mit beträchtlichen Stoffreserven anzulegen. Es handelt sich um mehrjährige Pflanzen, bei welchen im Spätherbst die oberirdischen Teile absterben, während Zwiebeln, Knollen oder Wurzelstöcke, in denen die Vorräte und Erneuerungsknospen enthalten sind, unter dem Boden überwintern. Müssen andere Pflanzen in den Frühlingswochen zunächst einmal günstige Außentemperaturen abwarten, um Stoffe für Wachstum und Entwicklung zu produzieren, kann die bunte Bodentruppe der Frühstarter gleichsam ans Eingemachte gehen!

Frühling lässt sein blaues Band ... und blau leuchtet auch der Schneestolz.

Zu Ehren des Herrn Pierre Magnol

Wie ein Traum mutet der Gang unter dem Magnolienbaum an. Wer sich dem Zauber hingibt und seinen Blick im Meer der zartrosafarbenen Blüten verliert, der wird wohl kaum erahnen, dass es sich bei den Magnolien um die ältesten Blumen in der Entwicklungsgeschichte handelt …

Was da so prächtig vor dem Institutsgebäude blüht, entzückt nicht nur Liebhaber von Blütenreigen – auch in nüchterner Botanik stellt die Magnolie eine Besonderheit dar. Man kann sagen, dass es sich hier um die ältesten heute lebenden Blütenpflanzen handelt. Ihre verlängerte Blütenachse und die schraubige Anordnung ihrer zahlreichen Staubblätter und Fruchtknoten deuten darauf hin, dass sich diese Pflanzenfamilie in der Evolution sehr früh entwickelt hat.

Sag mir, wo die Magnolien blüh'n …

Die Familie der Magnoliengewächse (*Magnoliaceae*) umfasst 165 verschiedene Arten. Neben der namengebenden Gattung *Magnolia* genießt der bei uns manchmal angepflanzte Tulpenbaum (*Liriodendron tulipifera*) ebenfalls einen gewissen Bekanntheitsgrad. Die Magnolie trägt ihren Namen zu Ehren von Pierre Magnol (1638–1715), Medizinprofessor und Direktor des Botanischen Gartens von Montpellier.

Magnolien sind im tropischen Asien, in Ostasien und im atlantischen Amerika beheimatet. Fossilfunde zeigen, dass diese Gattung früher auch in Europa und sogar in Grönland vorkam. Bekannt sind die Magnolien vor allem als Ziersträucher. Da insbesondere die asiatischen Arten winterhart sind, zieren sie auch bei uns viele Gärten und Parkanlagen. Im harten Klima der Nordalpen pflanzt man die Bäume am besten in geschützter Lage. Das Exemplar an der sonnigen Hausmauer des Botanischen Instituts gedeiht denn auch besonders gut. Es handelt sich hier aber nicht um eine Wildform, sondern um die wohl beliebteste Kreuzung, die so genannte Tulpen-Magnolie (*Magnolia x soulangia*). Diese wurde 1820 im Park von Soulange-Bodin als Kreuzung der chinesischen Yulan-Magnolie (*M. denudata*) und der ebenfalls aus Ostasien stammenden Purpur-Magnolie (*M. liliiflora*) gezüchtet. Eigentlich zeigt der Botanische Garten keine Gartenzüchtungen – wer würde es aber übers Herz bringen, die prächtigen, alten Bäume aus der Zeit einer anderen Gartenphilosophie zu fällen? Zumal der Baum seine großen, weiß bis rosa gefärbten Blüten im frühen Frühling öffnet, wenn die Natur noch etwas verschlafen wirkt und den Farbtupfer mehr als gut gebrauchen kann.

Rote Früchtchen und tiefschwarze Zeichenkohle

Hübsch sind nach der Samenreife auch die an Zapfen erinnernden Fruchtstände. Die vielen reifen Einzelfrüchtchen bleiben auf der Blütenachse sitzen, öffnen sich entlang der Bauchnaht und lassen die roten Samen an feinen Fäden heraushängen, damit sie von Vögeln gesehen, gepackt und weggetragen werden.

Als Nutzpflanzen haben die Magnolien eine geringe Bedeutung; ihr weiches Holz wird nur regional als Baumaterial verwendet. Bei einer Art, der Weißrücken-Magnolie (*Magnolia obovata*), verhält es sich anders: Ihr Holz wird in ihrer japanischen Heimat sehr geschätzt, und zwar für Schnitzereien, zum Anfertigen von traditionellen Schuhen, aber auch zur Herstellung einer besonders feinen Zeichenkohle. Diese winterharte Magnolie steht unweit des Teichs im unteren Teil des

Waldgartens. Gleich daneben wächst Siebolds Magnolie (*Magnolia sieboldii*), die aus China stammt. Auch sie mag unser Klima nicht wirklich leiden, ist sie sich doch in ihrer Heimat wesentlich mildere Temperaturen gewöhnt. Als sommergrüner Baum lässt sie im Winter die Blätter fallen. In einer Zeit, in welcher der Boden bei uns oft gefroren und das Wasser knapp ist, bedeutet dies eine wertvolle Strategie, um den Winter in unseren Breitengraden zu überleben.

Etwas weiter gegen den Heilpflanzengarten findet sich auch noch ein Vertreter aus Nordamerika: die Schirm-Magnolie (*Magnolia tripetala*).

Sternentragender Zwerg

Haben Sie vielleicht nur einen kleinen Garten und herrscht dort vielleicht ein etwas raueres Klima als im milden Blumenparadies am Altenbergrain? Dann ist die Stern-Magnolie (*Magnolia stellata*) die richtige Art für Sie. Anders als die bisher erwähnten Magnolien ist dieser sommergrüne, kompakte Strauch aus Japan sehr frostresistent. Und als ganz besondere Überraschung ist er ein wahrer Frühaufsteher!

Kaum ist der letzte Schnee geschmolzen, erinnern nur seine schneeweißen Blüten an die vergangenen Wintermonate – und zwar als Schneesterne der botanischen Art.

Die pelzigen Knospen öffnen sich langsam und bald entfaltet sich die prächtige Magnolienblüte.

Die Aurikel – Frühlingsschmuck der Kalkfelsen

«... aus den fleischigen Blattrosetten erhob sich die graziöse Blütendolde mit ihren mehlbestäubten Blütenkelchen. Die großen, mattgelben Blütenkronen mit dem weißen Auge strahlten eine solche Frische und Reinheit aus, dass mir das Pflücken dieser vollkommenen Blume wie ein Frevel vorgekommen wäre ...»

So anschaulich und poetisch beschreibt der Neuenburger Botaniker Claude Favarger die Begegnung mit einer Primel der ganz besonderen Art: der Felsen-Aurikel (*Primula auricula*). Die Aurikel blüht von April bis Mai auf Kalkfelsen zwischen 1600 und 2900 Meter über Meer. Wegen ihrer hübsch gelb gefärbten Blüten wird sie auch «Frühlingsschmuck der Kalkfelsen» genannt. Bei uns ist sie aber eher unter den Namen Flühblume, Florblüemli, Alphändscheli, Steischlüsseli und Bärgschlüsseli bekannt.

Eine Primel nicht wie die andern

Auch wenn das Hauptverbreitungsgebiet der Gattung die Gebirge des Himalayas sind, so gibt es im ganzen Alpenbogen ebenfalls eine große Anzahl von Primelarten. In der Schweiz sind vor allem die beiden Schlüsselblumenarten Frühlings-Schlüsselblume (*Primula veris*) und Wald-Schlüsselblume (*Primula elatior*) weit verbreitet. Aurikel lassen sich einfach von Schlüsselblumen unterscheiden: Ihre Blätter sind viel dicker und fleischiger; zudem sind Kelchblätter, Stängel und Blätter von einer mehligen Schicht überzogen.

Die Aurikel wächst in den Kalkalpen.

Diese Unterschiede sind nicht zufällig. Es sind Eigenschaften, die es den Aurikeln erlauben, sich in den rauen klimatischen Verhältnissen der alpinen Kalkfelsen zu behaupten. Die fleischigen Blätter dienen als Wasserspeicher und die mehlige Schicht trägt zum Schutz vor schädlichen UV-Strahlen bei. Lange und derbe Wurzeln verankern die Aurikel in den Felsspalten und ermöglichen es der Pflanze, aus dem kargen Boden genügend Wasser und Nährstoffe aufzunehmen. Der Wurzelstock speichert Nähr- und Betriebsstoffe während des Winters. Die Aurikel überwintert mit einer grünen Knospe, deren Blätter schon im Herbst ansehnlich entwickelt sind und lose aufeinander liegen. Dies ermöglicht es der Pflanze, in den ersten warmen Frühlingstagen zu blühen.

Pflücken: ein Frevel

Die Aurikel findet man im Kanton Bern eher selten. Aus diesem Grund sind sie hier auch geschützt. Doch nicht nur das Gesetz, sondern auch der Anstand verbietet es uns, die Pflanzen, die da so munter blühen, von den Kalkfelsen zu pflücken. Wen die poetische Beschreibung von Claude Favarger jedoch neugierig gemacht hat, der kann die blühende Aurikel im Alpinum sehen, wo sie mit ihren leuchtend gelben Blütenköpfen die Herzen der Besuchenden höher schlagen lässt.

Eine exzentrische Süditalienerin

Zu einer Zeit, in der sich die ersten Schneeglöckchen und der leuchtend gelbe Winterling aus dem Boden wagen, ist es auch im Mittelmeerhaus noch eher etwas eintönig. Wäre da nicht eine Besonderheit vom süditalienischen Capo Palinuro, welche die ganze Aufmerksamkeit auf sich zieht …

Der Gattungsname Primula bedeutet so viel wie «die Erste». Tatsächlich handelt es sich bei vielen Primelgewächsen um ausgesprochene Frühblüher, die kurz nach dem Schmelzen des Schnees in meist leuchtenden Farben blühen. Eine der Allerersten ist die Palinuri-Primel (*Primula palinuri*), eine kostbare Seltenheit von der tyrrhenischen Küste. Selbst wenn draußen manchmal noch Schnee liegt, verdreht sie vielen Insekten den Kopf und lenkt alle Blicke auf ihre vielen goldgelben, in Büscheln stehenden Blüten.

Überlebenskünstlerin

Es ist nicht etwa gärtnerischem Übereifer zuzuschreiben, dass die stolze Pflanze im Mittelmeerhaus schon so früh am Blühen ist, sondern sie macht es ihren Artgenossinnen südlich von Neapel gleich. Dort blühen im frühsten Frühling auf den weißen Küstenfelsen die Palinuri-Primeln und bilden mit ihren gelben Blüten einen schönen Kontrast zum tiefblauen Meer. Für sie ist es ganz wichtig, dass Befruchtung und Samenbildung zu einem Zeitpunkt stattfinden, wenn die Hitze und die Trockenheit des «mezzogiorno» noch in den Klauen des Winters liegen. Die speziellen ökologischen Ansprüche sind wohl ein Grund dafür, warum die Palinuri-Primel auf einem nur 50 Kilometer langen Küstenstreifen vorkommt. Sie gedeiht hauptsächlich in Felsspalten von Küstenfelsen.

Auf den ersten Blick erinnert uns die Palinuri-Primel an die einheimische Aurikel (*Primula auricula*). Schaut man sich die Pflanzen aber genauer an, so unterscheiden sie sich durch die Größe – selbst eine üppige Aurikel wird nie so stattlich wie eine Palinuri-Primel – und die sehr fleischigen und niemals bemehlten Blätter.

Wüstenverwandtschaft

Genetische Untersuchungen konnten aufzeigen, dass die Aurikel und die Palinuri-Primel wohl von einem gemeinsamen Vorfahren aus dem arabischen Raum abstammen. Ihre Verbreitungsareale haben sich aber nie berührt, und so muss man vom Capo Palinuro einige hundert Kilometer nach Norden fahren, um die ersten Aurikel zu finden.

Die Palinuri-Primel hat im Laufe ihrer Geschichte wohl kaum große Wanderungen unternommen. Ihr Verbreitungsgebiet ist extrem klein, was dazu führt, dass sie unter absolutem internationalem Schutz steht. Zwar lässt sich die Palinuri-Primel relativ gut in Gärten kultivieren, doch ist es ganz wichtig, die natürlichen Populationen zu schützen. Schließlich sollen auch künftige Generationen die Möglichkeit haben, das wunderbare Schauspiel der goldigen Blüten auf den weißen Kalkfelsen zu genießen.

Die Palinuri-Primel kommt nur in den Kalkfelsen südlich von Neapel vor.

Hirsche und Elche im Botanischen Garten

Mit Glück lässt sich vielleicht einmal ein Eichhörnchen oder ein Frosch am Altenbergrain sehen – wer nach Paarhufern sucht, kann lange warten. Dennoch können Elchgeweihe und Hirschzungen im Garten gesichtet werden.

Eine der ersten Pflanzen, die kurz nach der Schneeschmelze im Alpengarten bestaunt werden kann, ist die Hirschzunge (*Phyllitis scolopendrium*). Diese stattliche Farnart mit ihren bis zu 60 Zentimeter langen Blättern ist eine auffällige Erscheinung und wurde wegen ihrer dekorativen, ganzrandigen Farnwedel früher gerne als Zimmerpflanze gehalten. Ihren deutschen Namen hat sie von der für Farne ungewöhnlichen Blattform erhalten. Und ihr wissenschaftlicher Name bringt uns ebenfalls ins Reich der Tiere: «Scolopendrium» ist der Name des Tausendfüßlers. Wenn Sie erfahren wollen, wie man auf Letzteren gekommen ist, dann sollten Sie auf Ihrem Rundgang ein Blatt der Hirschzunge umdrehen!

Als feuchtigkeitsliebende Pflanze findet man die Hirschzunge in Schluchtwäldern, vorab zwischen den Kalkfelsen des Juras oder der Nordalpen. Es gibt in unserer einheimischen Flora eine ganze Reihe von Pflanzen, denen das feuchtere und etwas mildere Klima der Nordalpen und der Jurakette wesentlich besser behagt als das kontinentale Klima der Zentralalpen. Die Hirschzunge, die gerne in feuchten Lagen gedeiht, ist ganz sicher einer dieser atlantischen Vertreter unserer Flora.

Ungesundes Sammelfieber

Seit dem Altertum wird die Hirschzunge als Heilpflanze verwendet. Die Römer und Griechen setzten die Pflanze bei Milz- und Leberleiden ein und im Mittelalter vertraute man auf ihre Heilkräfte bei offenen Wunden. Heute verschreibt die Naturmedizin die Hirschzunge manchmal als Tinktur oder Absud bei Bronchitis und chronischem Darmkatarrh aufgrund ihrer entzündungshemmenden und auswurfsfördernden Eigenschaften. Aber auch im Bereich des Übernatürlichen spielte die Hirschzunge eine Rolle: Wer ihre Sporen in seine Fußstapfen streue, soll auf der Stelle unsichtbar werden. Kein Wunder also, dass bei so viel Heilkraft ein wahres «Sammelfieber» ausbrach und die Pflanze deshalb in arge Bedrängnis geraten ist. Heute ist die Art zum Glück in der ganzen Schweiz streng geschützt, so dass dem Frevel ein Ende gesetzt werden konnte.

Unter der Lupe

Nicht nur der Nutzen als Heilpflanze macht die Hirschzunge so interessant, nein, es lohnt sich durchaus auch, die Pflanze etwas genauer zu betrachten. Warum also nicht den Gang durch den Garten mit einer Lupe antreten? Schon bei leichter Vergrößerung erkennt man auf der Blattunterseite zuerst mit einem weißen Schleier bedeckte Strukturen, die so genannten Sori. Sie bestehen aus unzähligen Sporenkapseln, in welchen die Sporen gebildet werden, die bei den Farnen die gleiche Funktion haben wie die Samen bei den Blütenpflanzen. Farne entwickeln bekanntlich keine Blüten.

Diese Sporen sind erst ab Juni reif, die Sori erscheinen dann als parallele braune Streifen auf den Blattnerven. Die Blätter mit ihren braunen Sori, die wir nach der Schneeschmelze sehen, sind also noch vom letzten Sommer und haben den Winter unter der Schneeschicht verbracht. Die jungen Blätter sprießen erst später und präsentieren sich erst als wollige Sprosse, die an einen Bischofsstab erinnern. Erst allmählich entrollen sich diese «pflanzlichen Tentakel» und wachsen zu attraktiven, saftig glänzenden Farnwedeln heran.

Wer wollte da dem Hirsch ins Maul schauen? Hirschzungen im Alpinum

Um sich nach dem Hirschzungenrundgang etwas aufzuwärmen, lohnt sich ein Besuch im Farnhaus oder auch im Orchideenhaus. Dort sind tropische Verwandte der Hirschzunge zu sehen. Diese sind um ein Vielfaches größer als unsere einheimische Pflanze und man müsste mindestens von Wal- oder Elefantenzungen reden, um diesen Pflanzen gerecht zu werden!

Elchjagd

In den warmen Schauhäusern können wir uns auch gleich auf Elchjagd machen. Im Farnhaus ist ein besonders eindrücklicher Farn zu sehen, welcher den Namen Elch-Geweihfarn oder Geweihfarn (*Platycerium bifurcatum*) trägt. Die Art stammt ursprünglich aus Neuguinea und von der Küste von Queensland, ist aber wegen ihrer dekorativen Blätter vielerorts eingeschleppt worden und soll sich in gewissen Erdteilen gar als Problempflanze vermehren. Als Epiphyt (Baumsitzer) muss der Geweihfarn zu einer ganz besonderen Strategie greifen, um auf den Bäumen überleben zu können. Neben seinen geweihähnlichen Blättern hat er auch runde Blätter, die eine Art Körbchen bilden, in welchem der Farn zu wachsen scheint. Stirbt ein Blatt ab, so fällt es in den Korb und wird dort zu Humus verarbeitet. Der Geweihfarn ist also ein äußerst sparsamer Geselle, der seine alten Teile immerzu weiterverarbeitet – eine gute Strategie, wenn man an einem Ort wächst, wo knappe Nährstoffe sehr wertvoll sind. Wenn Sie an den Geweihen unseres Elches braune Flecken sehen, versuchen Sie nicht, diese wegzuputzen! Es handelt sich hier um die Sporen der Pflanze – unser Elch ist also in der Brunft und will keinesfalls gestört werden.

Die grünen Schwestern der weißen Christrose

Durch ihre grünlichen, unauffälligen Blüten unterscheiden sie sich von ihrer schönen, weiß blühenden Schwester, der Christrose. Wenn deren Schönheit jedoch bereits am Welken ist – die Christrose blüht mitten im Winter –, sind ihre grünen Schwestern an den ersten warmen Frühlingstagen am Aufblühen.

Stinkende Nieswurz (*Helleborus foetidus*) und Grüne Nieswurz (*Helleborus viridis*) heißen die beiden einheimischen Schwestern, Korsische Nieswurz (*Helleborus lividus* ssp. *corsicus*) die Cousine aus dem Süden. Alle drei kann man an einem warmen Frühlingstag blühen sehen, die ersten beiden am Fuße des Alpinums, die dritte in seinem westlichen Teil.

Sie besitzen kleine Blüten, deren Kronblätter als kleine, mit Nektar gefüllte Trichterchen ausgebildet sind und von einem grünen Kelchblatt umhüllt werden. Die Laubblätter dieser mehrjährigen Stauden sind oft handförmig geteilt. Die Stinkende Nieswurz ist in unseren Wäldern und auf buschigen Hängen auf kalkreichen Böden wie zum Beispiel im Jura zu finden. Das Vorkommen der Grünen Nieswurz beschränkt sich auf die Föhntäler der Alpennordseite sowie das Tessin.

Wundervolle Pflanzen mit Untugenden

Die Stinkende Nieswurz ist eine wundervolle Pflanze, welche sich für den Wildpflanzengarten hervorragend eignet. Hier bildet sie sogar noch im Winter einen Schmuck, denn ihre dunkelgrünen Blätter bleiben auch zur kalten Jahreszeit bestehen. Leider hat sie zwei Untugenden: Zum einen riecht sie unangenehm, zum anderen ist sie giftig. Ihre Giftigkeit teilt sie mit all ihren Schwestern und vielen weiteren Verwandten aus der Familie der Hahnenfußgewächse (*Ranunculaceae*). Bei manchen Nieswurzarten kommen stark giftige Stoffe vor, die im Extremfall zu Herzlähmung führen können. Darauf weist auch ihr wissenschaftlicher Name hin: «hellein» kommt aus dem Griechischen und bedeutet «töten», «borus» kann mit «Speise» übersetzt werden.

Die Giftigkeit hat die Menschen nicht gehindert, die Nieswurz zu nutzen. Im 19. Jahrhundert soll es immer wieder zu Vergiftungen gekommen sein, weil die Menschen die Pflanze zur Bekämpfung von Eingeweidewürmern einsetzten. Weniger gefährlich sind die hautreizenden Scharfstoffe, welche früher aus dem getrockneten Wurzelstock gewonnen wurden. Dieses Pulver wurde als Schnupftabak verwendet, eine Nutzung, auf die der deutsche Name der Pflanze hinweist. Über den effektiven Giftgehalt der verschiedenen Pflanzen werden unterschiedliche und zum Teil widersprüchliche Angaben gemacht. Auf der einen Seite ist die Geschichte, wonach der römischen Kriegsherr Solon mit der Pflanze einen ganzen Fluss vergiftet habe, wohl in die Ecke der Sagen und Legenden zu stellen. Auf der anderen Seite ist das Verwenden von Nieswurz als Schnupftabak sicher alles andere als gesund. Was in größeren Mengen schädlich ist, kann in kleinsten Mengen aber dennoch von großem Nutzen sein: So ist die Christrose (*Helleborus niger*) heute noch eine wichtige Pflanze in der Homöopathie.

Die rasenden Töchter

Um die Nieswurz ranken sich viele Legenden. So soll der griechische Arzt Melampos die drei Töchter des Königs Proitos von Tirnys vom Wahnsinn geheilt haben, indem er ihnen Milch von Ziegen zu trinken gab, die Nieswurz gefressen hatten. In der Antike finden sich noch weitere spannende Geschichten rund um die Nieswurz: Horaz schlug in seinem Werk über Geisteskrankheit vor, gegen Geiz große Mengen von Nieswurz zu verabreichen. Allerdings bezweifelte er, ob die in der Nähe der Stadt Antikyras vorkommenden Pflanzen für alle Geizhälse der Gegend ausreichen würden. Bei der Pflanze, die Horaz empfahl, könnte es sich um die Rundblättrige Nieswurz (*Helleborus cyclophyllus*) gehandelt haben, die heute noch in großen Mengen in Griechenland vorkommt. Die frühere Verwendung der Pflanze schlug sich auch in der Sprache nieder: «nieswurzig sein», «Nieswurz gegessen haben» oder «nach Antikyras gehen» sind in Italien Bezeichnungen für «verrückt sein».

Grün, giftig und geheimnisvoll: die Grüne Nieswurz

Metamorphose der Pflanzen

Ein besonderes Phänomen ist an der Stinkenden Nieswurz zu beobachten: Betrachtet man ihre Laubblätter, stellt man einen fließenden Übergang von den handförmigen unteren Blättern zu den kleineren, ungeteilten Hochblättern fest. Dies zeigt, dass unterschiedliche Formen Abwandlungen eines gemeinsamen Grundbauplanes darstellen können. Goethe, der sich intensiv mit dem Vorgang der Blüten- und Blattbildung beschäftigte, verwies in seinen naturwissenschaftlichen Schriften auf die «geheime Verwandtschaft der verschiedenen äußeren Pflanzenteile, also der Blätter, des Kelchs, der Krone und der Staubfäden, die sich nacheinander und gleichsam auseinander entwickeln». Er nannte dieses Phänomen die Metamorphose der Pflanzen. Bei den Nieswurzarten kann sie besser als bei anderen Blütenpflanzen beobachten werden – und genau dies lässt sich vortrefflich beim nächsten Frühlingsspaziergang durch den Garten tun.

Süßlich-saure Götterspeise

Bereits Philemon und Baucis setzten den bei ihnen einkehrenden Göttern Zeus und Hermes eingemachte Früchte eines bestimmten Strauches vor. Doch nicht nur erfrischende Nachspeisen entstammen dem Strauch, der als einer der ersten im Garten blüht.

Die Rede ist von der Kornelkirsche (*Cornus mas*), auch Gelber Hornstrauch oder Tierlibaum genannt. Der Name Kornelkirsche geht auf das lateinische «corneolus» zurück; mit dem lateinischen «mas» (männlich) wollte man wohl die männliche Härte hervorheben, denn das Holz der Kornelkirsche ist unvergleichlich hart. Systematisch gehört der Strauch zur Familie der Hornstrauchgewächse (*Cornaceae*).

Die Pflanze wird meist zwei bis fünf Meter hoch, und man weiß dann oftmals nicht, ob von einem Busch oder einem Baum gesprochen werden soll. Die Blätter sind gegenständig, breit lanzettlich, bis acht Zentimeter lang und haben eine ausgezogene Spitze. Die leuchtend gelben Blüten bilden kugelige Blütenstände. Sie erscheinen im frühen Frühling noch vor den Blättern und verleihen dem Strauch ein äußerst attraktives Aussehen.

Von feinen Früchten ...

Pro Blütenstand gelangen von den 10 bis 20 Blüten nur gerade eine bis drei zur Fruchtreife. Die Früchte sind die hängenden, bis zwei Zentimeter langen, leuchtend roten «Tierli». Sie können roh gegessen werden und schmecken vollreif süß-säuerlich. Mit Zucker oder Essig angereichert, lassen sie sich zu Kompott oder Konfitüre verarbeiten. Zudem kann aus dem saftigen Fruchtfleisch auch Saft oder gar Wein (Vin de Cornouille) hergestellt werden. Und sogar die Kerne fanden Verwendung; aus ihnen wurden billige Rosenkränze angefertigt, und in Notzeiten braute man daraus sogar einen Kaffee, der einen feinen Vanillegeschmack haben soll. Oftmals wurden die Kornelkirschen nicht nur aus purem Genuss verspiesen: Sie sollen bei chronischen Darmbeschwerden und als stärkendes und kühlendes Mittel bei «hitzigen Fiebern» gute Abhilfe schaffen.

... und knochenhartem Holz

Das Holz ist sehr dicht, feinfaserig, hart und schwer spaltbar. Es diente zur Herstellung von verschiedenen Werkzeugen, für Drechslerarbeiten sowie für Musikinstrumente. Außerdem nutzten bereits die Griechen und Römer das Holz der Kornelkirsche für Lanzenschäfte. Weit friedlicher ist da die Produktion von Spazierstöcken; in Deutschland sollen früher die «üblichen Studentenspazierstöcke» aus den Schösslingen des Tierlibaumes angefertigt worden sein. Es sei dahingestellt, ob die Studierenden heute nicht mehr spazieren, die typischen Spazierstöcke aus Kornelkirschenholz sind auf jeden Fall verschwunden.

Die Kornelkirsche bevorzugt eher trockene, nährstoffreiche und kalkhaltige Böden. Somit findet man sie etwa in trockenen Laubmischwäldern, Gebüschen, auf sonnigen Hängen und an Felsen. Heute ist die Kornelkirsche in Mittel- und Südeuropa, im Kaukasus und in Kleinasien verbreitet. Gerne wird die Art als Ziergehölz oder wegen der Früchte angepflanzt. Da sich die Vögel ebenfalls gerne an den leuchtend roten Früchten gütlich tun und die Samen unverdaut ausscheiden, verwildert der Tierlibaum in der Folge aus Gärten und Parks.

Die Kornelkirsche blüht als eine der Ersten im Frühling.

Persephones Wiederkehr

Viele wissenschaftliche Pflanzennamen erinnern an Gestalten der griechischen Mythologie. Die Griechen und Römer zeigten eine lebhafte Fantasie, wenn es darum ging, das Entstehen von Pflanzen oder Naturphänomene zu erklären. Ein Spaziergang durch den Alpengarten lässt die Erinnerung an längst vergangene Zeiten wach werden.

Hades, der Herrscher der Unterwelt, wollte die bildhübsche Persephone heiraten. Diese vertrieb sich die Zeit meist im Spiel mit den Meeresnymphen. Als sich Persephone einmal von ihren Spielgefährtinnen entfernte, um eine Narzisse zu pflücken, tauchte Hades auf und entführte sie in die Unterwelt. Demeter, Persephones Mutter, versuchte, ihre Tochter auf die Erde zurückzugewinnen, Hades jedoch machte seine Rechte als Ehemann geltend. Der Streit zwischen Demeter und Hades endete schließlich vor dem Göttervater Zeus, der entschied, dass Persephone sechs Monate des Jahres als Königin der Unterwelt an der Seite von Hades verbringen müsse, den Rest der Zeit jedoch auf Erden. Seither wird es immer Frühling, sobald Persephone auf die Erde zurückkehren darf.

Dekorative Narzissen

Narzissen gehören zu den Amaryllisgewächsen, welche besonders im warmtemperierten, subtropischen und tropischen Klima heimisch sind. Zahlreiche Amaryllisgewächse sind bei uns beliebte Zierpflanzen; die immergrüne Zimmerpflanze Clivia mit ihren prächtigen orangen Blüten ist da nur ein Beispiel. Neben den weißblühenden Narzissen gehören hierzulande die Osterglocke, Märzen- und Schneeglöcklein zu dieser vielgestaltigen Familie. Die in vielen Gärten angepflanzte und oft verwilderte Weiße Garten-Narzisse (*Narcissus poeticus*) stammt ursprünglich aus dem südwesteuropäischen Raum. Die Weiße Berg-Narzisse (*Narcissus radiiflorus*) blüht etwas später als die Garten-Narzisse auf nährstoffreichen Bergwiesen. Ebenfalls zur Gattung der Narzissen gehört die Osterglocke (*Narcissus pseudonarcissus*), die um die Osterzeit auf vielen Bergwiesen anzutreffen ist.

Die selbstverliebte Narzisse

Narzissen zeichnen sich durch einen starken Geruch aus, der manchmal beinahe betäubend ist. Das griechische Wort «narkaein» (gelähmt werden, betäuben) nimmt darauf Bezug. Nach der griechischen Mythologie erhielt die Narzisse ihren Namen jedoch von Narkissos. Narkissos, ein bildhübscher Jüngling, verschmähte die Liebe seiner zahlreichen Verehrerinnen und wurde deshalb von der Rachegöttin bestraft. Die Strafe bestand darin, dass sich Narkissos in sein eigenes, von einem Teich wiedergegebenes Spiegelbild verliebte. Je länger er es ansah, desto stärker wurde seine Liebe zu sich selber. Diese unglückliche Leidenschaft ließ Narkissos nicht mehr los, Tag für Tag saß er vor dem Teich, bis der Tod ihn erlöste. Die Götter verwandelten Narkissos alsdann in eine Narzisse.

Das Frühlings-Adonisröschen

Die glänzend gelben Blüten vor dem Hintergrund zartgrüner fiederteiliger, schmallineal bezipfelter Blätter sind eine Augenweide der besonderen Art. Das Frühlings-Adonisröschen (*Adonis vernalis*) wächst im Walliser Teil des Alpengartens und liebt trockenwarme, etwas buschige Hügel. Diese seltene und in der Schweiz geschützte Art ist außerhalb von Gärten nur im Walliser Rhonetal zu bewundern. Dem Frühlings-Adonisröschen nah verwandt sind drei rotblühende Blutströpfchen-Arten. Leider sind die Blutströpfchen in der Schweiz selten geworden, weil sie als Unkräuter in Getreidefeldern leben und aufgrund der Saatgutkontrolle und des

Das Frühlings-Adonisröschen kommt nur an wenigen Stellen im Wallis vor.

Einsatzes von Unkrautvertilgungsmitteln in vielen Äckern vollständig zum Verschwinden gebracht wurden. Unweit vom Standort des Frühlings-Adonisröschens, im Roggenacker am unteren Teil der Walliser Ecke, können diese rotblühenden Arten etwas später im Jahr bewundert werden. Das Frühlings-Adonisröschen und die Blutströpfchen gehören zu den Hahnenfußgewächsen (*Ranunculaceae*), wie auch der Winterling (*Eranthis hiemale*), der Gift-Hahnenfuß (*Ranunculus sceleratus*) und die Akelei (*Aquilegia vulgaris*).

Der schöne Grieche

Auch das Adonisröschen trägt einen aus der griechischen Mythologie abgeleiteten Namen. Myrrha, von ihrem Vater geschwängert, floh nach Südarabien, wo die Götter sie in einen Myrrhebaum (*Commiphora myrrha*) verwandelten. Als dieser Baum von einem wilden Eber gespalten wurde, fiel Myrrhas Sohn Adonis heraus.

Der schöne Adonis wuchs heran und wurde zum Geliebten der Liebesgöttin Aphrodite. Im Kampf mit einem wilden Eber starb der junge Mann. Aphrodite war über den Tod ihres Geliebten, der als schönster Mann ganz Griechenlands galt, so sehr betrübt, dass sie blutrote Adonisröschen aus dem Blute seiner Wunden wachsen ließ. Seither blühen die Blutströpfchen an Wegrändern und in Getreidefeldern und erinnern uns an das tragische Ende des schönen Mannes.

Welwitschia: eine sonderbare Wunderbare

Seit ihrer offiziellen Entdeckung im Jahr 1856 in der Namibwüste im Südwesten Afrikas hat diese merkwürdige Pflanze schon viele Rätsel aufgegeben. Einige davon sind bis heute nicht gelüftet.

Die sonderbare Pflanze, welche ihren Namen dem Entdecker Friedrich Welwitsch (1802–1872) zu verdanken hat, ist in der Namibwüste und in Angola zu Hause. Bei der einheimischen Bevölkerung war sie unter dem Namen «n'tumbo» bekannt. Während «normale» Pflanzenfamilien Hunderte bis Tausende verschiedener Pflanzenarten umfassen, wie beispielsweise die Hahnenfußgewächse mit 2500 oder die Orchideengewächse mit ungefähr 20 000 Arten, ist die Welwitschia (*Welwitschia mirabilis*) ein Einzelkind in ihrer Familie (*Welwitschiaceae*). Ihre Verwandten müssen nicht bei den Blütenpflanzen, sondern bei der Gruppe der Nacktsamer gesucht werden, zu denen auch unsere Nadelbäume zählen. Aber die nächsten Verwandten der Welwitschia in der Schweizer Flora sind nicht etwa die Rottanne oder die Waldföhre, sondern ein kleines, unauffälliges, 20 bis 50 Zentimeter hohes besenartiges Sträuchlein, welches ausschließlich im Wallis auf trockenen Hängen vorkommt – die Rede ist vom Schweizer Meerträubchen (*Ephedra helvetica*).

Uralt

Die Welwitschia steht in der vielfältigen Pflanzenwelt etwas isoliert da, und ihre nächsten Verwandten sind entweder nur aus Fossilfunden bekannt oder stellen ebenfalls eher «verschrobene» Pflanzen wie das Schweizer Meerträubchen dar. Was an der knapp 30-jährigen Pflanze im Sukkulentenhaus zuerst ins Auge sticht, ist ihre spezielle Wuchsform: Der unterirdische Stamm und die Pfahlwurzel sind in einem aufgestellten Rohr versteckt, nur die beiden schon etwas zerschlitzten Blätter ragen heraus. Diese beiden parallelnervigen Blätter wachsen an der Basis dauernd weiter, während sie an der Spitze absterben. Je älter die Pflanze wird – die Welwitschia erreicht ein beachtliches Alter von 1500 bis 2000 Jahren! – desto zerzauster mutet ihr Anblick an und hinterlässt den Eindruck eines unordentlichen Blätterhaufens. Trotzdem handelt es sich immer noch um dieselben zwei Blätter, die von Wind und Wetter der Länge nach aufgerissen wurden. Der Stamm einer sehr alten Welwitschia erreicht einen Durchmesser von über einem Meter.

Weibliche und männliche Pflanzen

Was ihre Eigentümlichkeit noch erhöht, ist die Tatsache, dass die Welwitschia zweihäusig ist (wie übrigens auch das Schweizer Meerträubchen), was nichts anderes bedeutet, als dass es weibliche und männliche Pflanzen gibt. Beide produzieren zapfenförmige «Blütenstände» und erinnern somit vage an ihre Verwandten, die Nadelhölzer. Bei der Pflanze im Sukkulentenhaus handelt es sich um ein männliches Exemplar. Wenn die Welwitschia-Pflanzen im Sommer der Südhalbkugel (also in unseren Wintermonaten) blühen, muss der klebrige Pollen von den männlichen Blüten auf die Samenanlagen einer weiblichen Pflanze gebracht werden – man nimmt an, dass kleine Insekten diesen Transport übernehmen. Die geflügelten und sehr nährstoffreichen Samen werden mit dem Wind verbreitet und keimen, sobald genügend Feuchtigkeit vorhanden ist. Aber genau diese ist an ihrem Standort in der Namibwüste bei Swakopmund Mangelware. Die durchschnittliche Niederschlagsmenge liegt dort bei etwa

75 Millimeter pro Jahr – in Bern regnet es im gleichen Zeitraum rund 14-mal so viel, nämlich gut 1000 Millimeter. Nicht nur der Regen spielt für die Wasserversorgung der Pflanze eine wichtige Rolle, sondern auch der Nebel, welcher an 200 Tagen pro Jahr vom kalten Benguela-Strom bis zirka 60 Kilometer ins Wüsteninnere herangeweht wird. Die Luftfeuchtigkeit kondensiert an den Blättern und tropft zu Boden. Dieses lebenswichtige Nass kann die Welwitschia mit ihrem feinen Wurzelwerk aufnehmen, welches sich zirka 10 Zentimeter unter der Sandoberfläche ausdehnt. Unter solch harschen Bedingungen können aber nur wenige Jungpflanzen Fuß fassen. Wer jemals die Gelegenheit hat, die Pflanze in der Natur zu beobachten, wird feststellen, dass die meisten vorhandenen Pflanzen uralt sind. Jungpflanzen sind vor allem weiter landeinwärts in der Savanne zu finden, wo bereits mehr Regen fällt, aber der Nebel des Meeres nicht mehr hinreicht.

Überbleibsel aus einer feuchteren Zeit?
Die Welwitschia ist keine Sukkulente, das heißt, sie speichert kein Wasser in ihren Blättern oder ihrem Stamm wie beispielsweise die Kakteen in Amerika – und trotzdem sind gerade die ältesten Exemplare in der scheinbar lebensfeindlichen Namibwüste zu finden. Weist das Vorkommen überwiegend jüngerer Pflanzen in den feuchteren Gebieten möglicherweise darauf hin, dass es zu der Zeit, als die uralten Welwitschien in der Wüste keimten, die Regenfälle in diesem Gebiet noch häufiger waren? Dies ist nur eine der vielen Fragen und Rätsel, die sich um die geheimnisvolle Pflanze in der Namibwüste ranken …

Die Welwitschia gedeiht in der Namibwüste.

Von Zwiebeln und Mythen

Nicht selten kommt es vor, dass die Vegetation im Frühling etwas früher als gewohnt erwacht. Es freuen sich vor allem diejenigen Leute, denen das nassgraue, kalte Winterwetter nicht behagt. Um dem Frühlingsempfinden Vorschub zu leisten, lohnt sich ein Besuch im Steppenhaus – da blüht Überraschendes auf Schritt und Tritt!

Früh im Jahr erscheinen die Erdpflanzen (Geophyten), welche mit Zwiebeln oder unterirdischen Sprossverdickungen dem harten Klima trotzen und in dieser Weise den Winter unbeschadet überstehen. In ihren Speicherorganen bewahren sie Energiereserven, die ihnen im Frühling ein rasches Austreiben, Wachsen und Blühen ermöglichen. Wer kennt sie nicht, die leuchtenden Blütenfarben der Krokusse, Tulpen oder Narzissen, die als erste Frühlingsboten erscheinen und aus den Zwiebeln entstehen? Die Strategie der Zwiebelbildung hat sich besonders in Steppen und anderen Trockengebieten bewährt, wo die Winter kalt und rau und die Sommer trocken und heiß sind.

Anatomie der Zwiebel

Botanisch gesehen ist die Zwiebel eine von mehreren Schalen eingeschlossene Knospe. Dabei handelt es sich um Speicherblätter, die manchmal auch Zwiebelschuppen genannt werden. Zum Schutz der Schalen wird die ganze Zwiebel außen von einer dünnen, braunen Haut umschlossen. Dieser Aufbau ist typisch für viele Lauchgewächse, unter ihnen die Zwiebel (*Allium cepa*) und der Knoblauch (*Allium sativum*). In der blühfähigen Zwiebel ist bereits der Blütenstiel mit der Blütenknospe vorgebildet, ebenso eine neue Hauptknospe unmittelbar daneben sowie weitere Nebenknospen am Grunde jeder Zwiebelschale. Oftmals stirbt die Mutterzwiebel nach dem Blühen ab.

Tulpen wie Turbane

Der Name Tulpe leitet sich vom persischen Wort «Dulbant» ab, dem Wort für Turban, dem die Tulpenblüte von der Form her ja auch ähnelt. Die Gattung der Tulpen (*Tulipa* sp.) umfasst etwa 150 Arten, deren Heimat im Wesentlichen in den Steppengebieten Vorder- und Mittelasiens liegt. Darüber hinaus sind Tulpen im Mittelmeergebiet und in Ostasien von Sibirien bis China und Japan heimisch. Als einer der Ersten beschrieb der Zürcher Botaniker Conrad Gessner 1559 eine Tulpe (*Tulipa suaveolens*). Die ersten Tulpenzwiebeln kamen vermutlich im Jahr 1554 nach Europa und 1570 nach Holland, wobei man heute annimmt, dass diese bereits aus türkischen Gärten stammten und kultivierte Arten waren. Binnen hundert Jahren hatte das Tulpenfieber, die so genannte «Tulipomanie», ganz Europa ergriffen. Für eine Zwiebel wurden astronomische Summen gefordert und bezahlt. Besonders beliebt waren gestreifte und geflammte, also mehrfarbige Blüten, deren ungewöhnlich bunte Tracht einem Virus zu verdanken ist. Verwunderlich ist, dass man im 16. und 17. Jahrhundert zunächst Tulpen aus den Ländern des Nahen und Mittleren Ostens einführte, während erst zu Beginn des 19. Jahrhunderts auch europäische Arten in Griechenland, Italien und Südfrankreich entdeckt wurden.

Glocken, die nicht läuten

Aber nicht nur im Steppenhaus, sondern auch im Alpengarten findet man die Erdpflanzen mit ihren Überdauerungsorganen. Im April sind mit etwas Glück die auffälligen, ja fast aufdringlichen ersten Osterglocken (*Narcissus pseudonarcissus*) zu sehen. Systematisch gehören Osterglocken und Narzissen nicht wie Tulpen, Lilien und Lauch zu den Liliengewächsen (*Liliaceae*: mit oberständigem Fruchtknoten), sondern zur nahe verwandten Familie der Amaryllisgewächse

Eine unserer «einheimischen» Tulpen: Die Weinberg-Tulpe stammt ursprünglich aus dem Mittelmeergebiet.

(*Amaryllidaceae*: mit unterständigem Fruchtknoten). Dieser letzteren Familie gehören übrigens auch Schnee- und Märzenglöcklein an. Das Vorkommen von Osterglocken und Narzissen beschränkt sich nicht nur auf Ziergärten, man findet sie auch im Jura, in den Voralpen und sogar im Mittelland.

Schach – aber keinesfalls matt

Ein Glöcklein der ganz besonderen Art bilden die Blüten der Schachbrettblumen (*Fritillaria* sp.). Weltweit findet man rund 130 verschiedene Arten dieser speziellen Liliengewächse, welche bei Blumenfreunden eine stetig wachsende Beliebtheit genießen. Früher wurden nur die aus Mittelasien stammenden Kaiserkronen (*Fritillaria imperialis*) mit ihren prächtigen Blütenständen gepflanzt. Da ihre Zwiebeln einen für Maulwürfe und Wühlmäuse unangenehmen Geruch absondern sollen, zieht man sie gerne zum Fernhalten von Schädlingen. Jedes Jahr können aber neue Arten dieser erstaunlichen Zwiebelgewächse auf dem Markt gefunden werden, wobei nicht alle so zierlich sind wie etwa die im Steppenhaus zu bewundernde Russische Schachbrettblume (*Fritillaria michailovskyi*). Eine in der Schweiz stark gefährdete Art aus der gleichen Gattung findet man im unteren Teil des Alpinums. Dort kann man mit etwas Glück die Perlhuhn-Schachbrettblume (*Fritillaria meleagris*) entdecken. Sie besitzt ein dekoratives, schachbrettartiges Fleckenmuster auf ihren purpurnen Perigonblättern. Es ist mit einer solchen Perfektion gezeichnet, dass es einem leicht fällt, sich die Schachfiguren dazu vorzustellen.

Kirschblüten fallen weiß im Abendlicht

Es kommt nicht von ungefähr, dass Japan oft als Land der Kirschblüte bezeichnet wird. Auch wenn der Weg in den asiatischen Teil des Botanischen Gartens nicht ganz unbeschwerlich ist, erweist sich ein Abendspaziergang dorthin als genau das Richtige, um in Frühlingsstimmung zu geraten.

In Bern orientieren sich die einen an den Mauerseglern; andere wiederum finden, dass eine Schwalbe noch keinen Frühling mache, und berufen sich viel lieber auf den Kalenderfrühling. Wenn aber statt weißer Schneeflocken Kirschblüten vom Himmel fallen, so kann man sicher sein, dass es Frühling geworden ist.

Duftende Scheinhasel

Viele Gewächse aus Japan sind bei uns beliebte Gartenpflanzen. Die Ährige Scheinhasel (*Corylopsis spicata*) wird gerne und immer öfter in Parks und öffentlichen Anlagen gepflanzt. Welch ein Genuss, wenn die Sonne an einem Aprilnachmittag den vielen hundert Blüten des Prachtexemplars beim Palmenhaus ihre Düfte entlockt! Süß wie Jasmin und fruchtig wie überreife Pfirsiche duftet es dann, Bienen und Hummeln aus allen Richtungen werden angelockt. Die Scheinhaselart, deren hängende Blütenstände tatsächlich etwas an unsere einheimische Hasel (*Corylus avellana*) erinnern, gedeiht am besten in leicht saurem Boden und mag eher schattige Orte.

Gehören zum Frühling, besonders zum japanischen: die weißen Blüten der Kirschen.

Kibusi, eine elegante Augenweide

Die Blütenpracht des Perlschweifes (*Stachyurus sp.*) gleicht auf den ersten Blick derjenigen der Scheinhasel. Diese Ähnlichkeit ist aber rein oberflächlich; botanisch gesehen steht der Perlschweif den darunter duftenden Veilchen um vieles näher als den so gleichartig erscheinenden Scheinhaseln. Zwei Vertreter aus der winzigen Familie der Perlschweifgewächse (*Stachyuraceae*) finden sich im Asienteil, der etwas verschollenen Ecke hinter dem Palmenhaus. Hier blüht etwa gleichzeitig mit der Scheinhasel der Frühe Perlschweif (*Stachyurus praecox*), dessen Blütenstände an feinste Perlenkettchen erinnern. In seiner japanischen Heimat gedeiht der Kibusi in den Bergwäldern und erfreut die Japaner und Japanerinnen ebenfalls im April mit seiner Blütenpracht. Sein japanischer Name weist darauf hin, dass die Pflanze zum Schwarzfärben verwendet werden kann.

Kirschen und Pflaumen

Eine Pflanzengattung, welche dem Frühling einen besonderen Blütenreigen beschert, ist die Gattung *Prunus*. Sie gehört in die Familie der Rosengewächse (*Rosaceae*) und ist mit rund 200 Arten relativ groß. Es ist jedoch weniger ihre Größe als vielmehr ihre wirtschaftliche Bedeutung, welche sie für uns wichtig macht: Ihr gehören wichtige Fruchtbaumarten wie Kirsche, Pflaume, Zwetschge, aber auch der Mandelbaum an.

Fest der Kirschblüte

Wurden früher in Japan vor allem Zwetschgenbäume verehrt, steht heute meist die Kirsche im Zentrum des Hanami, jenes Fests im Frühling, dessen Namen man mit «Blüten sehen» übersetzen könnte. Die Kirschenblüte beginnt etwa Mitte März im Süden der Inseln und wandert gleich einer Wetterfront gegen den Norden, wo sie im Mai schließlich in Hokkaido ankommt. In den Städten Japans wurden über Jahrhunderte unzählige Kirschbäume gepflanzt. In den etwa zwei Wochen, in denen die Kirschblüten jeweils in einer Stadt blühen, herrscht eine Art Fest. Die Japaner gehen dann in den Straßen und Parks spazieren und genießen die Blütenpracht bis weit in die Nacht hinein. Bei Einbruch der Dunkelheit und in der Nacht sehen die weißen und hellrosa Blütenwolken nämlich besonders schön aus, wenn sie im Kontrast zu der Schwärze der Nacht stehen. Wenn Sie Hanami im Botanischen Garten begehen wollen, dann können Sie verschiedene Prunus-Arten in Blüte finden. Neben unseren einheimischen Arten wäre da sicher der Blütenzauber der Kirschpflaume (*Prunus cerasifera*) gegenüber der Hallerrabatte eine gute Adresse. Wer es gerne authentisch japanisch hat, kann die lange und etwas beschwerliche Reise in die unterste Etage des Asienteils unter die Füße nehmen, wo er zur zierlichen Japanischen Kirsche (*Prunus japonica*) gelangen wird.

Japanreise zum Nulltarif

Frühlingsboten aus Japan findet man besonders hinter dem Palmenhaus, aber auch im Moorbeet oberhalb des Waldgartens. Wem eine Reise in den japanischen Frühling zu weit oder zu teuer ist, der kann die ökologischere Variante am Altenbergrain genießen. Hat man den versteckten, etwas vergessenen Asienteil erst einmal für sich entdeckt, so kann man darin lange Zeit verweilen. Im Frühling, in der Abendsonne, hat diese Ecke einen ganz besonderen Charme. Wer sich unter die Kirschblütenpracht setzt und sich ein Haiku, eines dieser wundervoll einfachen japanischen Gedichte, zu Gemüte führt, dem wird der Zauber des fernöstlichen Frühlings zuteil.

Von echten und falschen Lilien

Wenn die Frühlingssonne den Alpengarten in ein wundervolles Blütenmeer verwandelt hat, sind es nach Winterling und zarten Krokussen immer häufiger üppige Gewächse, die unsere Aufmerksamkeit auf sich ziehen. Machen wir uns also auf die Suche nach Junkerlilien und Ritterblumen!

Zu Beginn des Frühsommers streckt sich im Westalpenteil der Weiße Affodill (*Asphodelus albus*) der wärmenden Sonne entgegen. In der Schweiz trifft man den wärmehungrigen Gast aus dem Süden nur an einigen Stellen im Wallis und im Tessin an, wo er vor allem in Bergweiden Fuß gefasst hat. Sein Hauptverbreitungsgebiet liegt aber ohne Zweifel im Mittelmeerraum.

Die Pflanze des Totenreichs

Der Affodill gehört zu den Liliengewächsen im weiteren Sinn und überdauert die für ihn ungünstigen Jahreszeiten (Sommer bis Winter) wie die Tulpe in Form von unterirdischen Zwiebeln. Im Frühling jedoch, wenn seine Zeit kommt, bricht er aus der engen Zwiebelschale aus und entfaltet seine Blütenpracht. Besonders üppig gedeiht er in Griechenland und andern Mittelmeerländern, wo er ganze Flächen dominiert – das Vieh meidet die Pflanze wegen ihrer giftigen, nadelkristallhaltigen Blätter und so kann sie sich ungehindert ausbreiten. Weil der Affodill in seiner Heimat bereits nach den ersten Frühjahrsregen schnell zur Entfaltung gelangt, war er den Griechen ein Symbol des Weiterlebens nach dem Tode. In der griechischen Mythologie ist das Totenreich mit Affodillfluren bedeckt, auf denen sich die Geister der Verstorbenen treffen. Tatsächlich verleihen die unzähligen weißen Blüten mit ihren oft dunkeln Streifen der Landschaft ein nahezu bedrückendes Aussehen, das irgendwie ganz gut zur Unterwelt, dem Hades, passt. Heute noch werden die Blütenstände des Affodills in Griechenland als Grabschmuck verwendet.

Der weiße Affodill galt bei den Griechen als Totenblume.

Nahe verwandt mit dem Affodill ist die Junkerlilie (*Asphodeline lutea*), die im Balkanteil des Alpinums ungefähr im Mai ihre gelben Blüten entfaltet. Anders als der Affodill ist die Junkerlilie ungiftig und wird im Mittelmeerraum manchmal vor der Blütezeit geerntet und wie Spargeln zubereitet. Früher sollen die Wurzeln der Junkerlilie wie Kartoffeln verwendet worden sein.

Die berühmteste aller Wappenblumen

Die Lilie war schon in Assyrien das Symbol des Königtums und wurde zum Symbol des römischen Thronfolgers als Zeichen der Hoffnung. Die «Bourbonenlilie» als Symbol der französischen Könige wurde zur wohl bekanntesten Wappenblume. Doch handelt es sich bei der Bourbonenlilie denn wirklich um eine Lilie?

Die Form der goldenen Blüte auf blauem Wappengrund lässt eher vermuten, dass es sich bei der berühmten «Fleur de lys» eigentlich um eine Iris (Schwertlilie) handelt. Die Schwertlilien mit ihren weltweit rund 135 Arten gehören jedoch nicht zu den Lilien, sondern zu den Schwertliliengewächsen (*Iridaceae*). In verschiedenen Sprachen wird die Schwertlilie oft nur mit Lilie bezeichnet. Ludwig VII. wählte das Schwertliliensymbol für sein Banner, als er 1150 zum zweiten Kreuzzug aufbrach. Von da an wurde das Symbol «Fleur de Louis», «Fleur de luce» und «Fleur de lys» genannt. Es exisitiert allerdings noch eine andere Erklärung für die Bezeichnung, der zufolge die Blume nach dem Fluss Lys benannt wurde, an dem Chlodwig im 5. Jahrhundert seinen Sieg gegen die Alemannen errang. Chlodwig soll beobachtet haben, dass der Fluss an einer Stelle voller Gelber Iris war, ein Beweis für eine Furt. Chlodwig führte seine Armee hinüber und wählte aus Dankbarkeit die Gelbe Iris, die «Fleur de lys», als Wappen. Um die Gelbe Schwertlilie zu sehen, müssen Sie jedoch keinen Fluss überqueren; es reicht, sich zum Teich im unteren Teil des Alpinums zu begeben.

Von Rittern und Schwertern

Die säbelartigen Blätter der Gelben Schwertlilie (*Iris pseudacorus*) sind wohl für den deutschen Namen verantwortlich. Die relativ kräftigen, geruchlosen, gelben Blüten ziert ein auffälliges Saftmal. Dabei handelt es sich um einen großen, dunkelgelben Fleck, der von einer braunen Zickzacklinie begrenzt wird. Die führt als eine Art Wegweiser Insekten ins Innere der Blüten zum Nektar, der am Grund der Blütenblätter abgesondert wird. Die platt gedrückten Samen werden durch das Wasser und den Wind verbreitet. Versuche haben gezeigt, dass Samen fünf Jahre im Wasser liegen können, ohne zu keimen oder abzusterben. Die Sibirische Schwertlilie (*Iris sibirica*), welche gleich neben der Gelben Schwertlilie blüht, hat blau-violette Blüten. In Mitteleuropa besitzen einzig die Gelbe Schwertlilie und die Sibirische Schwertlilie ein größeres Verbreitungsareal, jedoch lassen die häufigen Vorkommen anderer Iris-Arten in der Nähe von Burgen des deutschsprachigen Raumes darauf schließen, dass Schwertlilien schon im Mittelalter kultiviert wurden. Vielleicht haben die Kreuzritter die eine oder andere Art von ihren Zügen aus dem Orient und aus Italien mitgebracht. Als Gartenpflanzen sind Iris-Arten immer noch sehr beliebt, können aber leicht verwildern und sich bei uns als «Wildpflanzen» einbürgern, wie zum Beispiel die Deutsche Schwertlilie (*Iris germanica*) oder die Blasse Schwertlilie (*Iris pallida*). Die Blasse Schwertlilie besitzt hellblaue, duftende Blüten und wird in zahlreichen Farbvariationen in Gärten kultiviert. Aus ihrer Wurzel wird die so genannte «Veilchenwurzel» gewonnen, eine angenehm nach Veilchenblüten duftende Substanz. In Pulverform verwendete man diese in Zahnpulvern und häufig in Waschpulvern.

«Peepshow» im Botanischen Garten?

Botanische Prunkstücke und exotische Gewächse locken jedes Jahr viele Leute in den Botanischen Garten. Mit attraktiven Neuerungen und längeren Öffnungszeiten soll ein größeres Publikum angelockt werden. Soll nun gar eine Peepshow für noch mehr Besucher sorgen?

Um es gleich vorwegzunehmen: Wer sich jetzt nackige Tänzerinnen und Tänzer zwischen Kakteen und Palmwedeln vorstellt, wird wohl beim nächsten Besuch im Garten enttäuscht sein. Die «Peepshow», welche im Frühling im Mittelmeerhaus gezeigt wird, hat zwar auch für das menschliche Auge durchaus etwas zu bieten, richtet sich jedoch in erster Linie an ein sechs- beziehungsweise achtbeiniges Publikum.

Mittelmeerbrise

Das Blühen, Sprießen und Treiben ist längst bei uns eingekehrt. Und während sich noch die verschiedenen Zaubernussgewächse mit den blauen und rosafarbenen Blütenteppichen duellieren, so steht doch der Gewinner des Blütenwettkampfes im April längst fest: das Mittelmeerhaus.

Schon beim Eintreten in diese kleine Ferienwelt werden Besuchende, insektengleich, mit einer himmlischen, blumigwürzigen Duftwolke empfangen. An Farben und Formen, Düften und Kuriositäten wird hier wahrlich nicht gespart. Ganz besonders fallen die zahlreichen Erdorchideen auf, die hier und dort ihre Blütenköpfchen in die für sie etwas ungewohnt kühle Frühlingsluft strecken. Neben einigen Knabenkräutern sind es vor allem die Ragwurze (*Ophrys* sp.), welche unsere Aufmerksamkeit auf sich ziehen. Ragwurze sind vorwiegend im Mittelmeergebiet zu Hause, sie kommen aber auch in Nordafrika, Asien und sogar in der Schweiz vor. Es sind vielleicht weniger die leuchtenden Farben, welche unser Interesse für diese Orchideengattung wecken mögen – vielmehr ist es die besonders spannende Bestäubungsökologie.

Gehörnte Männer

Kneift man die Augen etwas zu, so erinnern die Blüten der Ragwurze ganz stark an Insekten – je nach Art ist es eine Fliege, eine Hummel oder eine Biene, welche mit der Blütenpracht nachgeahmt werden soll. Die Imitation ist geschickt genug, um damit Insektenmännchen in die Falle zu locken respektive zu einem kleinen Transportdienst zu verknurren. Bei diesen hat die Frühlingssonne die Lust zur Vermehrung ganz ordentlich wach geküsst, und was jetzt nur annähernd die Form einer üppigen Insektendame hat, wird wild begattet.

Da die Ragwurz nicht nur die Form, sondern meist auch gerade noch den Duft der Begehrten imitiert, fallen zahlreiche Männchen auf die Attrappenweibchen rein und stürzen sich auf diese. Bevor sie den Irrtum bemerken, werden ihnen auch schon zwei leuchtend gelbe Hörner aufgesetzt, Strukturen, in welchen sich der Pollen befindet. Das so «gehörnte» Männchen macht sich dann weiter auf die Suche nach einer echten Partnerin. Nicht selten fällt es aber noch auf weitere der perfiden «Peepshows» herein. Bei einem zweiten Besuch einer Ragwurz werden ihm aber zumindest die Hörner wieder abgenommen, diese werden dann zur Befruchtung benutzt. So unglaublich die Geschichte auch tönt, so scheint sich diese Strategie zur Bestäubung in der Entwicklungsgeschichte gut etabliert zu haben, und sie funktioniert tadellos.

Definition des Nichts

Das Wunder Ragwurz beschränkt sich aber nicht nur auf die eigentümliche Bestäubung. Die ganze Vermehrung dieser Pflanzen scheint unter einem wundersamen Stern entstanden zu sein. Wie die meisten Orchideensamen sind auch jene der Ragwurz unglaublich klein und von enorm großer Zahl. Schon Charles Darwin soll berechnet haben, dass ungefähr 6000 Samen einer Kapsel kaum ein Zehntelgramm wiegen, somit ist ein einziges Samenkorn gerade zwei hundertstel Milligramm schwer. In einem solch kleinen Samen ist der Embryo nur ein kleines Häufchen Zellen und es gibt weder Vorräte für das Keimen noch für die weitere Entwicklung der jungen Pflanzen, ganz anders als dies bei Bohnen oder beim Weizen der Fall ist. Ein solcher Samen, der einer Definition des Nichts schon ganz nahe kommt, braucht deshalb die Ammendienste eines Pilzes, welcher die keimende Jungpflanze während der ersten Wochen mit allen nötigen Nährstoffen versorgt.

Zerbrechliche Schönheiten

So ausgeklügelt und gut funktionierend die Bestäubung und das Keimen bei den Ragwurzarten auch sein mögen, so sind die Pflanzen heute zumindest in gewissen Regionen stark gefährdet. Gerade in der Schweiz sind die Vertreter dieser Gattung selten geworden. Dies ist nicht etwa einer Unlust der hiesigen Insektenmännchen zuzuschreiben, sondern vielmehr der anhaltenden Zerstörung der Magerwiesen und Trockenstandorte, welche die wichtigste ökologische Adresse dieser Pflanzen sind.

Für uns ein hübsches Blümchen, für Insektenmännchen ein vermeintliches Lustobjekt

Das Erhalten von Arten ist und war schon seit jeher ein wichtiges Anliegen von botanischen Gärten; was den Botanischen Garten Bern anbelangt, so werden wir auch in Zukunft mit konkreten Schutzprojekten bemüht sein, die Vielfalt an «Peepshows» für Insekten aufrechtzuerhalten – von jenen, die viel menschliche Haut präsentieren, gibt es ja ohnehin mehr als genug.

Wenn Zarentöchter zu Plagegeistern werden

Blaue Glocken zu Ehren einer Zarentochter blühen an einem Baum, der fernab seiner Heimat bei uns zu neuer Blüte gelangt. In China und Japan wird er vielfältig geschätzt, bei uns muss sich erst noch zeigen, ob er sich in unsere Lebensräume einfügen kann.

Oberhalb der Ruderalanlage blüht ein Baum, der im englischen Sprachraum mit so wohltönenden Namen wie Königliche Paulownia, Kaiserinnen- oder Prinzessinnenbaum versehen wurde. Dies geschah zu Ehren der russischen Zarentochter Anne Pawlowna (1795–1865), Prinzessin der Niederlande. Im deutschen Sprachraum wird der Baum entweder als Blauglockenbaum oder ganz einfach als Paulownie bezeichnet, ganz nach dem wissenschaftlichen Namen *Paulownia tomentosa*. Bereits um 3000 v. Chr. wurde die Pflanze erstmals in der chinesischen Literatur erwähnt, vor zirka 150 Jahren wurde sie fast zeitgleich nach Europa und Nordamerika eingeführt.

Der Blauglockenbaum mag das mildere Stadtklima.

Die Paulownie gehört zur Familie der Braunwurzgewächse (*Scrophulariaceae*), deren Vertreter bei uns sonst vor allem als Kräuter, Stauden und Zwergsträucher gedeihen. Die aus Ostasien stammende Art wird in milderen Lagen häufig als raschwüchsiger Zierbaum angepflanzt, der seinem Namen alle Ehre macht mit seinen großen violetten Blüten in aufrechten Rispen und den großen gekerbten oder gesägten Blättern. Zum optimalen Wachstum braucht er einen tiefen, aber gut drainierten Boden. Der Standort sollte möglichst hell und sonnig sein. In seiner ursprünglichen Heimat wird er 10 bis 15 Meter hoch, bei uns bleibt er mangels Wärme meist niedriger und zur Blüte kommt er nur an besonders geschützten Lagen. Sein Wachstum kann bis zu fünf Meter in einer Saison betragen. Dank seiner Fähigkeit zum Stockausschlag überlebt er Feuer und Schnitt. An einem sehr ungünstigen Standort kommt der Baum zwar nicht mehr zur Blüte, kann sich aber mit zahlreichen Schösslingen vermehren.

Verkannter Nutzen

Als Nutzpflanze geschätzt wird der Baum fast nur in seiner ursprünglichen Heimat, in China und Japan. Das nährstoffreiche Laub wird dort als Viehfutter oder zur Düngung des Bodens und als Beigabe zu Kompost verwendet. Das Holz ist hart, ohne Asteinschlüsse, leicht im Gewicht und einfach zu verarbeiten. Da es sich nicht verzieht und kaum von Insekten befallen wird, eignet es sich gut zur

Herstellung von Gegenständen aller Art wie zum Beispiel Balken, Türen, Kisten, Möbeln oder auch Musikinstrumenten. Dank seines tiefen Gehalts an Terpentinen und Ölen in den Fasern ist das Holz relativ feuerresistent. Weil er sehr rasch wächst, könnte der Baum in Zukunft für die Holzindustrie außerhalb Ostasiens wichtig werden. Besonders in Australien erlebt er im Moment einen eigentlichen Boom.

Aus den Blättern wird ein Sud hergestellt, der zum Auswaschen brandiger Geschwüre benutzt wird. Es wird auch gesagt, dass er das Haarwachstum fördere und das Ergrauen verhindere. Die Blätter werden auch direkt als Umschläge bei Quetschungen verwendet und der Blattsaft soll bei der Behandlung von Warzen helfen. Die Blüten braucht man zur Behandlung von Hautkrankheiten, die Tinktur aus der inneren Rinde hilft dank ihrer antibakteriellen, verschließenden und wurmtötenden Wirkung gegen Fieber und Schwindelanfälle.

Von der Wiege bis zur Heirat

Die Bedeutung des Baums im ostasiatischen Raum zeigt sich in einem Brauch: Zur Geburt eines Mädchens wird ein Paulownie-Baum gepflanzt, um aus seinem Holz eine Brauttruhe oder einen «Tansu» zu fertigen, wenn die Tochter alt genug zum Heiraten ist. Der Tansu ist für die Hochzeitszeremonie ausgesprochen wichtig und deshalb existiert in der Heimat des Baums eine große Industrie, die aus Paulownie-Holz diese kunstvoll verzierten Truhen herstellt.

Der Klima-Sonderfall Stadt

Obschon die Temperaturen des schweizerischen Mittellandes für die Paulownie eigentlich an der unteren Grenze liegen, blüht der Baum trotzdem in Bern und auch in vielen anderen Städten; im Umland dagegen können wir nur selten eine Blüte feststellen. Dass sich diese Pflanzen vor allem in unseren Städten einen festen Platz erobert haben, liegt am lokalen Klima der Stadt, das sich in einigen Punkten von dem des Umlandes unterscheidet: Die Temperaturen sind um einige Grade höher, es gibt wesentlich weniger Fröste und der Boden ist trockener und nährstoffreicher. Ein Hauptgrund für diese Unterschiede ist die Versiegelung des offenen Bodens durch Gebäude und Straßen mit Asphalt, Beton und Stein. Diese Materialien sind viel bessere Wärmespeicher als eine Pflanzendecke, die durch Verdunstung eine Abkühlung bewirkt. Weiter steht den Pflanzen weniger Wasser zur Verfügung, weil das Regenwasser von den Dächern und Straßen sofort in die Kanalisationen geleitet wird. Hohe Gebäude verhindern zudem einen raschen Nachschub an kühler und sauberer Luft aus dem Umland.

Die spontane Verwilderung eingeschleppter Pflanzen kann zu Problemen führen, da die Neuankömmlinge ihre Krankheiten und Schädlinge zu Hause lassen und dadurch hier eine so starke Konkurrenz für die lokale Flora werden, dass sie diese verdrängen.

In den wärmeren Gebieten der USA ist der Prinzessinnenbaum so zu einer richtigen Plage auf warmen Felsstandorten geworden, die vorher von seltenen einheimischen Pflanzen in Anspruch genommen wurden. Seine Regenerationsfähigkeit und Fruchtbarkeit machen es sehr schwierig, die Ausbreitung in Grenzen zu halten. Es ist zu hoffen, dass die Paulownie uns noch lange mit ihrer Pracht erfreut, ohne dass dabei die meist subtileren Schönheiten einheimischer Arten auf der Strecke bleiben.

Kuhtritt im Schmuckkasten

Franz Xaver von Wulfen muss völlig überrascht und beinahe außer sich vor Freude gewesen sein …

Auf einer Wanderung im Gebiet des Gartnerkofels steigt 1779 der Botanikprofessor aus Klagenfurt über die dampfend feuchten Matten den Berg hinan. Er studiert aufmerksam die vorkommenden Arten, die auf den sauren Böden wachsen: Heidelbeere (*Vaccinium myrtillus*) und Studentenröschen (*Parnassia palustris*), dort ein Gelbes Veilchen (*Viola biflora*), das mit seinen zarten Blättchen auf die hohe Luftfeuchtigkeit angewiesen ist. Da fällt sein Blick auf einen blauen Flecken ganz oben, am Fuße der Felsen. Er steigt hinauf und bekommt eine wunderschöne, blau blühende Pflanze zu Gesicht, die er noch nie zuvor gesehen hat und die sich hier geradezu in Herden ausbreitet. Die Blüten, die sich in einer dicht gedrängten Traube am Ende des Blütenstieles sammeln, ähneln einem kleinen blauen Fingerhut, aber Franz Xaver kann sie keiner bisher beschriebenen Gattung zuordnen. Er sammelt einige Exemplare und kehrt schließlich wieder ins Tal zurück.

Die Pflanze, eine der Raritäten des Alpenraumes, wurde später nach ihrem Entdecker *Wulfenia carinthiaca* genannt. Im Alpenraum ist sie bisher nur aus dem Gartnerkofel-Gebiet in den Kamischen Alpen bekannt und wird dort «Kuhtritt» genannt. Weltweit hat die Gattung, die der vielgestaltigen Familie der Braunwurzgewächse (*Scrophulariaceae*) zugehört, nur gerade drei Arten ausgebildet und auch diese wachsen jeweils nur an einigen wenigen Orten in Bergregionen zwischen den Alpen und dem Himalaya. Sie sind manchmal neben dem Kärntner Kuhtritt als Raritäten in Steingärten zu sehen. Die aus der Türkei stammende *Wulfenia orientalis* ist eine echte botanische Kostbarkeit und deshalb im «Schmuckkasten» des Botanischen Gartens zu finden, wo die ganz besonderen Prunkstücke ausgestellt werden.

Auch im Tuffsteingarten gibt es einen Kuhtritt zu sehen, denjenigen aus Kärnten.

Kein Wein und trotzdem Rebe

Weder Blüten noch Früchte gleichen der Weinrebe, auch wenn man dies aufgrund des deutschen Namens denken könnte: Die Alpenrebe zeigt ihre violette Blütenpracht im Herzen des Alpinums.

Wie Glocken hängen die Blüten im wirren Geäst der sich windenden Pflanze. Die Blütenblätter sind von zartestem Violett und bedecken zahlreiche weiße, spatelförmige Honigblätter sowie kahle oder zerstreut behaarte Staubfäden. Die langen, abstehend behaarten Griffel geben den Früchtchen ihr wildes, strubbelpeterartiges Aussehen. Die Alpenrebe (*Clematis alpina*) ist eine bis zu zwei Meter hohe Schlingpflanze. Dies ist denn auch der Grund für ihre Namensverwandtschaft mit der Weinrebe (*Vitis vinifera*).

In der Schweiz kommt die vollständig geschützte Pflanze nur im Kanton Graubünden und an ein paar wenigen Stellen im Berner Oberland vor. Ihr Verbreitungsschwerpunkt liegt außerhalb der Schweiz im ostalpinen Raum.

Bekannte Schwester

Wenn die Alpenrebe auch nicht mit der Rebe verwandt ist, so besitzt sie doch noch eine bekannte, echte Schwester: Die Rede ist von der Waldrebe (*Clematis vitalba*). Auch sie ist eine Schlingpflanze, doch sind ihre Blüten weiß und sehr viel kleiner. Wahrscheinlich haben Sie mit ihr in der Kindheit Bekanntschaft gemacht – oder haben Sie etwa nie Nielen geraucht? Die Waldrebe ist auch unter vielen anderen Namen bekannt. Nach ihrem seilähnlichen Stängel nennt man sie «Nonnenseil», «Narrenseil» oder auch «Hexenseil». Die Namen «Herrgottsbart» oder «Muttergotteshaar» hat sie wegen ihrer wolligen Fruchtschöpfe, «Rauchholz» und «Räucherli» nach dem Stängel, der sich rauchen lässt.

Die Waldrebe wurde und wird auch als Heilpflanze genutzt. Eine Essenz aus den frischen Kräutern dient als harntreibendes Mittel. Auch soll sie gegen Erkrankungen der männlichen Genitalien, bei Drüsenerkrankungen und bei schlecht heilenden Wunden wirken – aber Achtung: Die Pflanze ist giftig!

Alpen- und Waldrebe gehören zur Familie der Hahnenfußgewächse (*Ranunculaceae*), die Weinrebe hingegen zu jener der Weinrebengewächse (*Vitaceae*). Auf üppige Trauben können wir im Alpinum also lange warten – dafür erinnert uns die Alpenrebe daran, dass die Zeit der Sommerwanderungen in den Alpen bevorsteht.

Die Alpenrebe hat violett-blaue Blütenblätter.

Steppen – karg und baumlos

Im Wallis findet man an den sonnigen Halden, mitten in Weinbergen oder zwischen Eichen- und Föhrenwäldern, eine ganz besondere Vegetation: die Steppen. Vertreter dieser extrem trockenen Grasländer sowie deren Verwandte aus den weiten Steppen Zentralasiens wachsen im Walliser Teil und im Steppenhaus.

Das Wort Steppe stammt von der russischen Bezeichnung «stepj» und bedeutet trockenes, baumloses Grasland. Dort, wo eine Steppe gedeiht, ist es so trocken, dass ein Aufkommen von Bäumen verunmöglicht wird. Die Trockenheit ist meist klimabedingt, wie beispielsweise im Inneren Asiens, wo sich eine große Steppen- und Wüstenzone vom Schwarzen Meer bis zur Mongolei hinzieht. Hier wird die Vegetationszeit der Pflanzen durch den kalten Winter einerseits und durch die Dürre des Spätsommers und Herbstes andererseits begrenzt. Den Pflanzen stehen nur etwa vier Monate mit günstigen Wachstumsbedingungen im Frühjahr und Frühsommer zur Verfügung. Eine ähnliche Situation besteht auch an den Südhängen des Mittelwallis. Hier ist die Trockenheit aber nicht nur klimatisch bedingt, sondern ebenso durch die Hangneigung und den Boden, der dünn und steinig ist, also wenig geeignet, um Regenwasser zurückzuhalten.

Zentralasiatische Steppen

Im Steppenhaus gedeihen zahlreiche Vertreter der Zentralasiatischen Steppenflora, welche sich an diesen extremen Lebensraum angepasst haben. Zu den bekanntesten gehören diejenigen, die auch in unseren Gärten wachsen: Blumenzwiebelarten wie Lilien, Schwertlilien, Tulpen oder Hyazinthen. Ihnen ist gemeinsam, dass sie die kalte und trockene Herbst- und Winterzeit mit Zwiebeln im Boden unbeschadet überstehen. In den Zwiebeln speichern sie Energiereserven, welche ihnen im feuchten Frühling ein rasches Austreiben, Wachsen und Blühen ermöglichten. Eine andere Strategie, um das Austrocknen zu verzögern, zeigt das Schöne Federgras (*Stipa pulcherrima*). Dieses ausdauernde Horstgras nimmt durch seine tief reichenden Wurzeln Wasser auf. Dagegen spielt bei der Kaukasischen Edelraute (*Artemisia caucasica*) der Verdunstungsschutz eine wichtige Rolle. Ihre Blätter sind mit feinen Haaren bedeckt, welche die intensive Sonnenstrahlung reflektieren und so die Pflanze vor zu starkem Wasserverlust schützen. Als sehr kompakt wachsender Strauch ist das Schachtelhalm-Meerträubchen (*Ephedra equisetina*) ebenfalls gut gegen Verdunstung geschützt.

Walliser Steppenrasen

Aber nicht nur im Steppenhaus, sondern auch im Walliser Teil des Alpinums finden sich Vertreter der Steppenflora. Dort lassen sich im Steppenrasen zum Beispiel das Federgras (*Stipa pennata*), der Wermut (*Artemisia absinthium*) oder das Schweizer Meerträubchen (*Ephedra helvetica*) entdecken – Arten, die denen im Steppenhaus sehr ähnlich sehen und mit diesen auch nahe verwandt sind.

Das einheimische Federgras ist ebenfalls ein ausdauerndes Horstgras und gut an trockene Lebensbedingungen angepasst. Es verfügt nicht nur über tief reichende Wurzeln, sondern auch über zusammengefaltete, raue Rollblätter, um die Verdunstung von Wasser zu minimieren. Charakteristisch für das Federgras sind seine Früchte mit einer 20 bis 30 Zentimeter langen, federig behaarten Granne. Diese hilft den Samen, sich durch das offene und windige Steppengebiet zu verbreiten. Zudem laufen die Samen in eine scharfe Spitze aus, welche die Verankerung im Boden erleichtert. Diese Bohrfrucht ist typisch für viele Steppenpflanzen.

Land der Gräser und der bunten Zwiebelgewächse: die Steppen

Die grüne Fee

Der Wermut, auch Absinth genannt, ist ein wintergrüner Halbstrauch und ein Vertreter der Familie der Korbblütler. Der Name «Artemisia» stammt von der Jagdgöttin Artemis, da sich die Pflanze als sehr aromatisch riechendes und bitter schmeckendes Gewürz für Wildbraten eignet. Der Wermut wird aber auch als Arzneipflanze gegen Magen-Darm-Beschwerden genutzt. Hauptwirkstoffe sind der Bitterstoff Absinthin als Geschmacksbildner (bekannt im Wermutwein) und die ätherischen Öle. Zu diesen gehört das giftige Thujon. Eine Überdosis kann lebensgefährlich sein, da der Genuss zu körperlichem und psychischem Verfall führen kann. Herstellung und Konsum von Absinth-Schnaps, dem Destillat aus der Wermutpflanze, waren bis 2004 verboten, sogar ein Verfassungsartikel hatte dies geregelt. Die «grüne Fee» hat mit der Legalisierung einen zweiten Aufschwung erlebt; heute angebotene Wermutweine enthalten kaum Thujon.

Gemeinsame Vergangenheit

Der Grund für die auffallenden Gemeinsamkeiten der Walliser und der zentralasiatischen Steppen liegt in der Vergangenheit. Als sich vor rund 15 000 Jahren unsere Gletscher zurückbildeten, gab es im Wallis nur noch wenige Pflanzen, welche die Kaltzeit überlebt hatten. Die Ebenen Mitteleuropas waren damals von einer Kaltsteppe, die weit nach Osten ragte, beherrscht. Zu Beginn der einsetzenden Erwärmung wanderten Steppenpflanzen von Osten nach Westen, und dann die großen Alpentäler hinauf und siedelten sich auch bei uns an. Mit den Veränderungen des Klimas, der Böden und der Pflanzendecke sind diese Arten heute fast überall verschwunden, außer in wenigen sonnigen, sehr trockenen und steinigen Randgebieten. So finden sich also im Mittelwallis einige Zeugen aus der großen nacheiszeitlichen Steppe, welche sich auch im Botanischen Garten bestaunen lassen.

Laue Stunden im Blauen Garten

«Er ist's, Frühling lässt sein Blaues Band» – diese erste Zeile aus Mörikes bekanntem Frühlingsgedicht wird Ihnen unweigerlich einfallen, wenn Sie an einem lauen Mainachmittag durch das Blütenmeer am Altenbergrain spazieren … und es scheint fast, als hätte sich ein Teil des Blauen Bandes in den Sträuchern und Kräutern verfangen. Warten Sie deshalb nicht, machen Sie wieder einmal blau und genießen Sie die blaue Pracht!

Blau: Farbempfindung, die durch Licht einer Wellenlänge zwischen 440 und 495 nm hervorgerufen wird. Reines Blau hat die Wellenlänge 470 nm. Eine der Urfarben. Auf eine so präzise – wohl aber etwas lieblose – Weise lässt sich reduzieren, was im Frühling die Augen der Besuchenden des Botanischen Gartens erfreut. Doch Blau ist viel mehr als eine Wellenlänge: Blau hat Generationen von Malern, Dichtern und Künstlerinnen in seinen Bann gezogen, Blau lässt schwärmen, schwelgen und träumen. Und in der Pflanzenwelt ist Blau ganz einfach nicht wegzudenken. Die Suche nach der blauen Blume steht in der Romantik für die Sehnsucht nach der Aufhebung aller Grenzen. Die Romantik mag vorüber sein, die Sehnsucht ist geblieben. Machen wir uns deshalb auf zur Suche nach dem Blau und nach den Blumen …

Blaue Wunder im Alpinum

Dass Blau nicht einfach Blau ist, wird einem beim Besuch des Alpinums schnell bewusst: Da gibt es das verwaschene Blau des Enzianähnlichen Ehrenpreises (*Veronica gentianoides*), welcher seine langen Blütenrispen in den ebenso hellen Maihimmel streckt. Das satte, üppige Blau des Stängellosen Enzians oder des nah verwandten Schmalblättrigen Enzians erinnert uns dann schon viel eher an einen Spätsommerhimmel oder an einen weiten, tiefen Ozean. Dass man sich nicht mit dem einen oder anderen zufrieden geben muss, stellen die zarten Blüten des Alpen-Leins unter Beweis, welche ihre in allen Blautönen schimmernden Köpfchen elegant in der Frühlingsbrise hin- und herschaukeln lassen.

Im Westalpenteil des Alpengartens öffnen sich die ersten blauen Blüten des Igelginsters (*Erinacea anthyllis*) und wenn man den regen Betrieb rund um das Sträuchlein beobachtet, so wird einem klar, dass Blau nicht nur unser Auge erfreut, sondern auch ganz eindeutig die Lieblingsfarbe vieler Insekten ist. Gerade auf Hummeln soll Blau eine fast schon magische Wirkung ausüben. Dies erklärt auch die Tatsache, warum gerade Blau eine im Blütenreich so weit verbreitete Farbe ist.

Anleitung zum «Blaumachen»

Haben sich die Augen erst einmal am blauen Blütenreigen satt gesehen, lockt ein Besuch bei der Ruderalfläche. Hier blüht eine Pflanze, welche einen ganz besonderen Bezug zur Farbe Blau hat: der Färberwaid (*Isatis tinctoria*). Betrachtet man die gelben Blüten dieses Kreuzblütlers, kommt man kaum auf die Idee, dass der Färberwaid früher die wichtigste Farbe für die Blaufärbung war. Die Pflanze, die ursprünglich aus dem Kaukasus stammt, ist heute in ganz Europa verbreitet, wobei sie in der Schweiz nur in wärmeren Gebieten häufig anzutreffen ist. Die elegante Pflanze gibt ihr kostbares Blau aber nicht ohne weiteres her: Die Blätter müssen verkleinert und dann zu so genannter Waidkohle getrocknet werden. Danach empfiehlt ein Rezept aus dem 4. Jahrhundert: «Thu etwa ein Talent Waid in eine Kufe, gieß dann Harn hinein, bis die Flüssigkeit den Waid überragt und lass es dann von der Sonne gewärmt werden.» Dass man dann die übel riechende Brühe noch etwa während drei Tagen durch Herumtreten bearbeiten muss, hat wohl schon manchen Naturfarben-Fan davon abgehalten, dem Waid sein Blau zu entlocken …

Nach einem längeren Prozess werden Tücher und Stoffe schließlich in die Brühe getaucht, wo sie eine Weile verbleiben müssen; in früheren Zeiten geschah dies am Wochenende. Am Montag wurden die Textilien dann aus den Bottichen gezogen und im frischen Wind aufgehängt. Zuerst waren die Kleider von einer schmutzig gelblichen Farbe, doch an der Luft oxydierte der Farbstoff und nach und nach machte sich ein sattes, tiefes Blau breit, so dass der Himmel darob vor Neid erblassen mochte. Den Färbern indes blieb an diesen Montagen nichts anderes übrig als zu warten, den Tag zu genießen und eben «blau zu machen» … und genau hier liegt der Ursprung dieses Ausdruckes.

Der Anbau des Färberwaides verhalf manchen Regionen zu einem unglaublichen Wohlstand und die Zunft der Färber war bald eine der angesehensten überhaupt. Doch mit der Einführung des Indigofarbstoffes aus Indien wurde das Monopol der Waidanbauer zu Beginn des 17. Jahrhunderts gebrochen. Lange versuchten zwar die in der Zwischenzeit mächtig gewordenen Waidhändler, die Einfuhr des viel stärker färbenden Indigostrauches (*Indigofera tinctoria*) zu unterbinden. Doch nicht einmal die Androhung der Todesstrafe für die Einführung der «Teufelsfarbe» aus Indien konnte den Siegeszug des Indigos aufhalten. So verlor die Waidkultur nach und nach an Bedeutung und kam mit der Entwicklung synthetischer Farbstoffe ganz zum Erliegen.

Wer all des Blaus noch immer nicht überdrüssig geworden ist, wohl aber die Frühlingsmüdigkeit zu spüren bekommt, dem empfiehlt sich ein geruhsamer Moment unter dem blauen Wipfel der riesigen blauen Atlantik-Zeder im Waldgarten. Kneift man dann etwas die Augen zu und lässt das «Blaue Band» noch einmal auf sich wirken, werden sich die Lippen kaum zurückhalten können: «Er ist's …»

Da freuen sich die Hummeln: Das Alpinum erstrahlt in frischem Blau.

Gichtmittel & Kinderkorallen

Die wärmende Frühlingssonne lockt aus grünen, prallen Knospen Tausende von Blütenköpfen hervor, die sich im prächtigsten Farbgewand präsentieren. Mehr oder weniger pünktlich auf Pfingsten hin entfalten die verschiedenen Pfingstrosenarten ihre wundervollen rosenähnlichen Blüten und lassen sich von Bienen umsummen.

Haben Sie die schönsten Frühlingserlebnisse schon hinter sich und macht sich das Sommerwetter immer deutlicher bemerkbar, so müssen Sie sich beeilen. Noch könne Sie einen Blick auf die blühenden Pfingstrosen (*Paeonia* sp.) erhaschen, denn bald schon werden sie ihre letzten Blütenblätter abwerfen und dem nahenden Sommer Platz machen.

Ganze Sträucher voller Pfingstrosen

Die meisten von uns haben eine bestimmte Vorstellung vom Aussehen einer Pfingstrose und sehen dabei im geistigen Auge eine krautige Staudenpflanze mit großen, rosa Blüten und grob gefiederten Blättern vor sich. Dass es neben Stauden auch Sträucher unter den Pfingstrosen gibt, ist jedoch den wenigsten von uns bekannt. Im Gegensatz zu den Stauden sterben bei den Strauchpäonien die oberirdischen Pflanzenteile im Herbst nicht ab, sondern verholzen. So können sich mit der Zeit meterhohe Sträucher entwickeln, die zur Blütezeit über und über mit Hunderten von Blüten verziert werden. Ein derartiges Farbenspiel präsentiert sich Ende Frühling im Asien-Teil.

Oberhalb der Stützmauer hat die Halbstrauchige Pfingstrose (*Paeonia suffruticosa*) ihre duftenden, großen rosa Blüten geöffnet. Die Heimat dieser imposanten Pflanze liegt in China, Tibet und Bhutan. Betrachtet man den prächtigen Strauch von weitem, könnte man ihn irrtümlich für einen Rosenstrauch halten. Einige Meter daneben entfaltet die aus China stammende Gelbe Pfingstrose (*Paeonia lutea*) ihre gelben, relativ kleinen Blüten, und auch bei ihrem Blütenreigen handelt es sich um ein wirklich sehenswertes Schauspiel.

China: die Wiege der Päonien

Die Pfingstrosen oder Päonien, wie sie nach Päon, dem Arzt der griechischen Götter, genannt werden, gehören zur botanischen Familie der Pfingstrosengewächse (*Paeoniaceae*) und existieren in etwa 33 Wildarten in der nördlichen gemäßigten Hemisphäre. Besondere Schwerpunkte der Pfingstrosenverbreitung sind Südeuropa, China und das nordwestliche Amerika.

Nur wenige Gartenpflanzen habe eine so weit zurückreichende Geschichte wie die Pfingstrose. Plinius, der uns vieles über das naturwissenschaftliche Verständnis der Römer überliefert hat, bezeichnet die Päonie als die älteste aller kultivierten Arten. Als eigentliche Wiege der Pfingstrosenkultur kann China betrachtet werden, wo die Zucht seit über 4000 Jahren gepflegt wird. Die chinesische und auch die japanische Päonienzucht hatten Hunderte von Kulturformen hervorgebracht. Als sie im 17. und 18. Jahrhundert den Weg nach Europa fanden, stießen sie dort auf große Nachfrage und bald schon brach ein regelrechtes Päonienfieber aus. Die ersten Pfingstrosen brachte 1656 die erste Gesandtschaft der holländischen East Indian Company zusammen mit dem Tee aus China mit. Erst 1789 aber gab Sir Joseph Banks einigen Kaufleuten den Auftrag, Pfingstrosen nach Europa zu bringen. Diese überlebten den langen Transportweg allerdings nicht, und es gelang erst fünf Jahre später, lebende Exemplare aus China nach Europa zu transportieren. Für diese wurden dann aber sehr hohe Preise bezahlt. Ein Monsieur Noisette verkaufte in Paris einzelne Pfingstrosen für 1500 Francs bis zu 100 Louisdor, was einer unglaublichen Geldmenge entsprach.

Die «Rose des armen Mannes»

Auch in Europa wurden Pfingstrosen zur Zucht verwendet. Im Spätmittelalter entstand die gefüllte Form der Gebräuchlichen Pfingstrose (*Paeonia officinalis*), die heute in vielen Gärten anzutreffen ist. Diese «Rose des armen Mannes», wie sie oft auch genannt wurde, führte allerdings eher ein Schattendasein. Erst nach dem Eintreffen der ersten Zuchtpäonien aus China kam neuer Schwung in die europäische Pfingstrosenzucht, welche die neuen Sorten zur Weiterzucht nützte. Die Wildform der Gebräuchlichen Pfingstrose (*Paeonia officinalis*), deren Heimat in Südeuropa liegt, blüht hinter dem Tuffsteingarten. In der Schweiz kann sie in der Blütezeit von Mai bis Juni wild an einigen Stellen im Südtessin angetroffen werden. Die Gebräuchliche Pfingstrose wurde bereits in der Antike als Medizinalpflanze sehr geschätzt und taucht auch in den mittelalterlichen Kräuterbüchern immer wieder auf. Man glaubte, dass die Pfingstrose böse Geister vertreibt, denen die Pflanze unangenehm ist. Im Mittelalter wurden die Päonien oft mit reifen Samenständen dargestellt, da diesen offenbar eine medizinische Bedeutung zukam. Man hängte die erbsengroßen Samen an einer Schnur aufgereiht kleinen Kindern als «Kinderkorallen» um den Hals. Sie sollten die Kinder vor dem «Schrecken» bewahren, wenn sie nachts ohne ersichtlichen Grund weinten und nicht mehr zu beruhigen waren. Man nannte die Päoniensamen deshalb auch «Schreckkörner». Heute noch wird die Päonie im Rheinischen als «Schreckrose» bezeichnet. Überhaupt existieren etliche Namen für die Pfingstrose: Antoniusblume, Blutrose, Feuerrose, Chinderrose, Bueberose und viele weitere. Der Name «Gichtrose» rührt daher, dass die Blütenblätter gegen Gicht angewendet werden. Die moderne Homöopathie schreibt der Pfingstrose krampflösende und bei nervösen Störungen lindernde Eigenschaften zu.

Die seltene Form einer wilden, weißen Pfingstrose lässt das Herz höher schlagen.

Gestatten Sie, dass ich mich vorstelle ...

Wer sich vom bunt leuchtenden Alpinum Richtung Aare bewegt, kann eine ganz bestimmte Pflanze kaum übersehen – weit schwieriger wäre es denn auch, das Vorstellungsgespräch abzulehnen.

... gelb leuchten meine Blüten aus dem Heilpflanzengarten. Wer meine Knospen und meine behaarten Stängel etwas genauer betrachtet, der erkennt unschwer, dass ich mit dem feuerrot blühenden Klatschmohn (*Papaver rhoeas*) verwandt bin. Man findet mich aber nicht wie jenen entlang von Feldern und Äckern, sondern an Mauern, in Hecken und auf Schuttstellen. Auch unweit von Ameisenstraßen bin ich zu finden, denn meine Samen biete ich den Ameisen als Nahrung an und diese helfen mir so bei der Verbreitung.

Schon seit langer Zeit gelte ich als eine Heilpflanze gegen Gelbsucht, Augenkrankheiten und vieles mehr. Meinen oran gegelben Milchsaft haben schon viele Menschen gegen Warzen und Hautkrankheiten eingesetzt. Wer mich deshalb aber als Warzenkraut bezeichnet, den mag ich gar nicht leiden. Tatsächlich hat die moderne Medizin herausgefunden, dass sich in meinem Saft Substanzen befinden, mit welchen sich Hornhaut aufweichen lässt.

Um mich ranken sich auch viele Legenden ... die Schwalben sollen meinen Goldsaft sogar verwenden, um den Jungvögeln die verklebten Augen zu öffnen! Die Alchimisten im Mittelalter haben meine gelbe Wurzel als ein Mittel zur Herstellung von Gold angesehen; davon zeugen noch Namen wie Goldkraut oder Goldwurz.

Wenn Sie mich sehen möchten, so kommen Sie doch zum Heilpflanzengarten oder achten Sie sich auf Ihrem nächsten Spaziergang auf Mauern, Hecken und Schuttstellen. Ich würde mich freuen, Sie kennen zu lernen.

Ihr Schöllkraut
(alias *Chelidonium majus*)

Ein freundlicher Geselle leuchtet gelb im Bauerngarten – das Schöllkraut.

Von Schwarzwurzeln

Kennen Sie den Unterschied zwischen der Weißen und der Schwarzen Schwarzwurzel? Ein kleiner Schwarzwurzelrundgang bringt Klarheit bis tief in die Wurzeln.

Die deutschen Namen der beiden Arten verraten, an was man sich halten muss: Die Weiß- oder Haferwurzel (*Tragopogon porrifolius*) hat weiß berindete Wurzeln, die Schwarzwurzel (*Scorzonera hispanica*) schwarz berindete Wurzeln. Die fleischigen Bodenorgane beider Arten sind ein ausgezeichnetes Wintergemüse. Bevor Sie sich aber daranmachen, den liebevoll gepflegten Garten umzugraben, verraten wir Ihnen lieber, wie Sie die beiden Arten auch ohne Stechgabel auseinander halten können. Im Frühling ist dies besonders einfach, denn meist blühen beide Vertreter aus der Familie der Korbblütler (*Asteraceae*) fast zur selben Zeit.

Bocksbärte

Etwa gleichzeitig mit der Haferwurzel blühen in den Wiesen des Mittellands Wiesen-Bocksbärte (*Tragopogon pratensis*). Ein Blick auf den wissenschaftlichen Namen verrät, dass es sich hier um die gleiche Gattung wie bei der Weißwurzel handelt. Während unsere einheimischen Bocksbärte aber gelb aus den Wiesen leuchten, hat die Weißwurzel rosa bis purpurne Blütenköpfchen. Wenn sie jedoch verblüht sind, sehen sie sich durchaus ähnlich; dann erinnert der noch geschlossene Fruchtstand stark an einen Ziegenbocksbart – und daher rührt auch der deutsche Name. Die Schwarzwurzel, welche in Spanien beheimatet ist, gehört zwar in eine andere Gattung als die Bocksbärte, sieht aber dem Wiesen-Bocksbart fast noch ähnlicher. Ihre Blütenköpfchen sind wie bei Letzterem leuchtend hellgelb.

Kampf um unsere Gunst

Die Haferwurzel scheint bereits im Altertum als Gemüse genutzt und geliebt worden zu sein. Erste gesicherte Angaben über die Kultur dieser im Mittelmeerraum beheimateten Pflanze stammen jedoch erst aus dem 16. Jahrhundert, und zwar aus Südfrankreich. Ab 1800 wurde sie aber immer mehr von der widerstandsfähigeren Schwarzwurzel verdrängt und ist heute bei uns kaum noch als Gemüse bekannt. Der Siegeszug der Schwarzwurzel, die zuvor eher als Heilpflanze galt, war nicht zu stoppen. Als typisches Wintergemüse finden wir sie auf jedem Markt und, weil sie sich gut verarbeiten lässt, auch oft als Zugabe in Gemüsemischungen aus der Dose. Liebhaber der alternativen Küche schätzen aber die verdrängte Haferwurzel immer noch und in England genießt sie als «salsify» große Beliebtheit.

Auch bei uns kultiviert

Kultiviert wurde die Haferwurzel in Südeuropa, aber auch in wärmeren Gebieten Mitteleuropas. In der Schweiz wurde sie zu Beginn des 20. Jahrhunderts bei Schaffhausen, Zofingen und Lugano kleinflächig angebaut. Heute kommt sie in der Schweiz wild nicht mehr vor, hingegen konnten sich in der Oberrheinischen Tiefebene, im Aostatal und im Comerseegebiet verwilderte Populationen halten.

Die prächtigen Blüten der Haferwurzel

Die Quitte oder eine Reise nach Kydonia

Am Rande des Zaubernuss-Wäldchens steht sie – die Quitte. Zur Zeit der Kirschenblüte mag sie nicht besonders auffallen … ganz anders sieht es aber aus, wenn sie im Spätfrühling als letzter der einheimischen Obstbäume ihre großen, blassrosafarbenen Blüten zur Schau stellt.

Die Echte Quitte (*Cydonia oblonga*) gehört in denselben Verwandtschaftskreis wie Apfel und Birne, nämlich zu der Familie der Rosengewächse. Bei uns werden zwei Varietäten angepflanzt, die Apfelquitte (var. *malifortnis*) und die häufigere Birnenquitte (var. *pyriformis*). Letztere besitzt ein etwas weicheres Fruchtfleisch, das heisst, der Anteil an so genannten Steinzellen, welche mit ihren stark verdickten Zellwänden die Festigkeit des Fruchtfleisches ausmachen, ist geringer als bei der Apfelquitte. Allen Quitten ist gemeinsam, dass man ihre Samen medizinisch nutzen kann. Die schleimhaltigen Samen werden als leichtes Abführmittel, bei Verbrennungen oder auch bei Hustenreiz eingesetzt.

Ein Gast aus dem Süden …

Nördlich der Alpen wird die Quitte seit dem 9. Jahrhundert angebaut und ihre Früchte, welche hier roh nicht genießbar sind, werden zu Säften, Gelee, Backwaren und anderem verarbeitet. Wie wir aus Catos Werk «De re rustica» (über die Landwirtschaft) wissen, war die Quitte auch bei den Römern schon wohlbekannt und geschätzt. Ihre Spur lässt sich sogar noch weiter zurückverfolgen: Die Römer hatten die Quitte nämlich in Griechenland, genauer in der altkretischen Stadt Kydonia, gefunden. Von dort brachten sie die Frucht in die römischen Provinzen, bauten sie an und nannten sie «malum cydonium», Apfel aus Kydonia. Entsprechend lautet ihre österreichische Bezeichnung noch heute Kido und auch das schweizerdeutsche «Chüttene» sowie das italienische «cotogna» erinnern noch an die Stadt im alten Griechenland. Bei den Griechen hatte der goldene Apfel, wie die Quitte bisweilen auch genannt wurde, religiöse Bedeutung und wurde für rituelle Handlungen verwendet. Unter «melimelon» verstanden sie eine Zubereitung von Quitten mit Honig. Daraus entstand der portugiesische Name «marmelo» für Quitte und schließlich das Wort Marmelade.

… oder gar aus dem Osten

Doch zurück zur Geschichte der Kultivierung der Quitte: Ihre Wildform stammte ursprünglich nicht aus Griechenland, sondern aus dem östlichen Kaukasus. Die Quitte wird in den östlichen Mittelmeerländern gerne in Empfangsräume gelegt, damit sie dort ihren angenehmen Duft verbreiten kann. Im Balkan soll es auch heute noch in gewissen Regionen Brauch sein, dass die Braut vor dem Betreten des Schlafgemachs eine Quitte esse. Da die gelben Früchte im Mittelmeerraum sehr viel besser ausreifen als bei uns, ist dies aber ein äußerst angenehmes Ritual.

Die Griechen waren möglicherweise nicht die Ersten, welche die Quitte kultivierten, doch bei ihnen, in der Stadt Kydonia, endet unser Wissen über die Nutzungsgeschichte dieser Obstart und somit auch unsere Reise in die Vergangenheit.

Die zarten Blüten des Quittenbaums

Laue Abendwinde streicheln die Wangen und verleiten zu einem Spaziergang, Vogelgezwitscher und Insektensummen erklingen, wohlriechende Düfte von frisch geschnittenem Heu und blühenden Gärten liegen in der Luft, Fenster stehen offen und lassen das Lachen von Menschen ins Freie, an allen Ecken und Enden ist Leben spürbar – es ist Sommer geworden. Die wärmenden Sonnenstrahlen verwandeln den Botanischen Garten in ein wahres Farbenparadies. Blüten in allen Formen und Farben entfalten sich, Schmetterlinge gaukeln dazwischen umher, Bienen, Hummeln und viele andere Insekten sammeln Nektar.

Im Alpengarten lässt sich der «Bergfrühling» hautnah erleben, Polsterpflanzen, Zwergsträucher und Krautpflanzen strecken sich hier der Sommersonne entgegen und lachen den Besuchenden freundlich zu.

Wenn die Temperaturen steigen, die Luft vor Hitze nur so flimmert und wir Menschen den kühlenden Schatten suchen, können wir nur darüber staunen, dass viele Pflanzen an der prallen Sonne einfach weiterblühen und der Hitze standhalten. Sie haben sich an die intensive Sonneneinstrahlung und die zeitweilige Trockenheit angepasst. Einige Pflanzen überdauern die ungünstige trockene Jahreszeit in Zwiebeln, Knollen oder als Samen im Boden und kommen erst hervor, wenn ihnen die Umgebungsbedingungen zusagen. Diese verschiedenen Anpassungen sind vor allem bei Pflanzen zu beobachten, die an Felsstandorten, in mageren Wiesen, in Steppen, Wüsten oder im Mittelmeerraum zu Hause sind.

Gegen Ende des Sommers verwelken die farbigen Blüten und machen Platz für Beeren und Früchte aller Art. Überall im Garten schweben Samen durch die Luft, Ahornfrüchte lassen ihre Propeller drehen, Vögel schwirren in den Büschen und Bäumen umher und picken nach leuchtenden Beeren. Und wenn der Abschied vom Sommer auch schwer fällt, so ist er wenigstens süß.

Was blüht an Weg und Ackerrand?

Im Alpinum, beim Trockenen Wallis und im Getreideacker, fallen einem die kräftigen Blütenfarben von Pflanzen ins Auge, welche die Getreideäcker, Weinberge und Ruderalplätze besiedeln. Sie gelten bei uns als Unkräuter oder Ackerwildkräuter.

Viele an dieser Stelle des Gartens angepflanzte Arten sind in der heutigen Natur- und Kulturlandschaft nicht oder kaum mehr anzutreffen. Ein Grund dafür sind die modernen Anbau-, Pflege- und Erntemethoden. Stellvertretend für das Schicksal, das viele Acker-Begleitpflanzen in den letzten 50 Jahren erleben mussten, betrachten wir die Kornrade, die Kornblume und die Wegwarte.

Die Lieblingsblume des Kaisers Wilhelm I.

Viele Getreideunkräuter stammen, wie die Wildformen unserer Getreidearten und der Getreideanbau überhaupt, aus den Steppen, Gebirgssteppen und Halbwüsten Vorderasiens. Andere sind im Mittelmeergebiet beheimatet, so zum Beispiel die Kornblume (*Centaurea cyanus*), eine der bekanntesten Getreide-Begleitpflanzen.

Mit der Ausbreitung des Getreideanbaus konnte sich diese Pflanzenart fast über die ganze Erde verbreiten. Die früher als unausrottbar geltende blaue Kornblume ist wegen der intensiven Bewirtschaftungsformen, der Saatgutreinigung und der Herbizideinsätze leider zu einer botanischen Seltenheit geworden. Im Wallis, wo in den steilen Hängen die Landwirtschaft meist extensiv betrieben wird, ist sie wie auch viele weitere Ackerunkräuter noch häufiger anzutreffen. Die Kornblume war früher die Lieblingsblume vieler Menschen, nicht zuletzt jene von Kaiser Wilhelm I. Im extensiven Getreideacker ist das kräftige Blau dieser Prachtspflanze von Juni bis September zu sehen. Wegen ihres leuchtenden Blaus wurde der Blüte früher eine wohltuende Wirkung auf die Sehkraft zugesprochen.

Als schöner Kontrast zum Blau der Kornblume sind im kleinen Äckerchen beim Trockenen Wallis auch zwei alte Weizensorten angepflanzt. Es sind der schon in der Bibel als Kulturpflanze erwähnte, in der Schweiz bis zum Zweiten Weltkrieg regelmäßig angebaute Emmer (*Triticum dicoccum*) sowie der Dinkel (*Triticum spelta*). Heutzutage werden verschiedene Sorten dieser Getreidearten vor allem im biologisch-dynamischen Landbau wieder angebaut.

Die seltene Kornrade

Auch die Kornrade (*Agrostemma githago*) verdankt ihr Vorkommen in Mitteleuropa dem Menschen. Mit dem Beginn des Ackerbaus, der in der Schweiz vor 6000 Jahren einsetzte, wurden neue Standorte für lichtliebende Pflanzen geschaffen, die im damals bewaldeten Tiefland nur an wenigen lichtreichen Standorten gedeihen konnten. Der größte Teil der Ackerbegleiter wurde zusammen mit dem Getreidesaatgut aus dem fruchtbaren Halbmond im östlichen Mittelmeergebiet und Vorderasien eingeschleppt. So wurde auch die Kornrade über mehrere Jahrtausende zu einer treuen Begleiterin der Wintergetreidefelder. Ihr Lebensrhythmus ist dem Getreidebau gut angepasst; sie keimt, blüht und fruchtet zur selben Zeit wie das Wintergetreide. Mit der Getreideernte wurden die schweren, schwarzen Kornradesamen eingebracht. Manchmal bestanden bis zu sieben Prozent der Ernte aus Samen der Kornrade. Bei der Neuansaat der Getreideäcker im Herbst wurde das Saatgut ausgebracht und mit ihm zusammen auch die Samen der Kornrade wieder ausgesät. Da bereits kleine Mengen von drei bis fünf

Das leuchtende Blau der Kornblume ist aus den Weizenfeldern fast verschwunden.

Gramm Kornradesamen aufgrund der darin enthaltenen Saponine giftig sind, kam es früher beim Konsum von kornradehaltigem Mehl oder Getreidekaffee häufig zu Vergiftungen. Mit dem Einsetzen der automatisierten Saatgutreinigung wurde die einst noch sehr häufige Kornrade bereits um die Mitte des letzten Jahrhunderts selten und ist heute nur noch in kleinen, traditionell bewirtschafteten Äckern im Wallis oder in angesäten Buntbrachen anzutreffen. Sie gehört damit zu den Seltenheiten unserer Kulturlandschaft.

Kaffee und Salat

Wenn Sie löslichen Milchkaffee-Extrakt trinken, so genießen Sie nicht nur Bohnenkaffee, sondern auch Zichorie (*Cichorium intybus*), bei uns besser unter dem Namen «Wegwarte» bekannt. Sie wächst, wie der Name es bereits verrät, an wasserarmen Wegrändern und bildet blassblaue Blütenköpfe aus.

Die Wegwarte wird bereits in einem Papyrustext aus dem 4. Jahrtausend vor Christus erwähnt. Seit dem Altertum ist sie eine beliebte Heilpflanze bei Magenproblemen und Leberleiden, wird heute aber nur noch selten genutzt. In den Stängeln dieser Pflanze finden wir, wie bei vielen anderen zungenblütigen Vertretern der Korbblütler (zum Beispiel dem Löwenzahn), einen weißen Milchsaft. Vor allem im Zweiten Weltkrieg wurden die verdickten Wurzeln geröstet und zu Blümchenkaffee verarbeitet. Viele Leute gewöhnten sich an diesen Geschmack, so dass noch heute die Zichorie zum Aromatisieren von Kaffee verwendet wird. Manchen Kaffeeliebhabern ist dieses Getränk jedoch ein Gräuel. Setzt man dem Bohnenkaffee Zichorie zu, so wird dieser dunkler und bitterer.

Die Schwester der Zichorie ist die aus dem Mittelmeerraum stammende Endivie (*Cichorium endivia*). Weil sie den Winter besser verträgt als der Kopfsalat (*Lactuca sativa*) und sich gut einlagern lässt, eignet sie sich bestens als Blattsalat für den Herbst.

So starb Sokrates

Der Gefleckte Schierling war schon im Altertum als Heil-, aber auch Todespflanze bekannt. Mönche und Nonnen benutzten die Wirkung der Pflanze ebenso wie später auch Hexen. Im Sommer ist das berüchtigte Kraut im Heilpflanzengarten zu bewundern.

«Nun ist es Zeit wegzugehen: für mich, um zu sterben, für euch, um zu leben. Wer von uns dem besseren Zustand entgegengeht, ist jedem verborgen außer Gott.» Mit diesen Worten nahm Sokrates den Giftbecher und leerte ihn in einem Zuge. Der zum Tode verurteilte Philosoph starb so im Jahre 399 v. Chr. Mit größter Wahrscheinlichkeit enthielt der Giftbecher Schierlingssaft gemischt mit Wein.

Giftpflanze

Der Gefleckte Schierling (*Conium maculatum*) gilt als die berühmteste Giftpflanze im Altertum. Wegen seiner Giftigkeit wurde er als Mittel für Hinrichtungen angewendet. Im antiken Griechenland war der Schierling der Göttin Hekate geweiht. Die Mondgöttin als Herrscherin und Beschützerin all dessen, was sich in der Dunkelheit verbirgt, galt als Schutzherrin und Ratgeberin der Zauberer und Hexen. Die Zubereitung des Giftes war schon früh bekannt. Ein Kräuterkenner namens Therasyas von Mantina entdeckte, wie man aus der Pflanze ein Gift zubereitet, das einen einfachen und schmerzlosen Tod bewirkt. Er vermischte dazu Schierlingssaft mit Opium und verschiedenen anderen Giftpflanzen. Noch früher wurde das zerstampfte Mark in Wasser gelöst getrunken, was zu einem sehr schnellen Tod führte. Gegen die Wirkung dieser Mischung gab es kein Gegenmittel. In der Antike wurde der Schierling vielfach in der Heilkunst als Pulver, Salbe oder Tinktur gebraucht. In geringer Dosis wurden Schierlingssamen ähnlich wie das Bilsenkraut innerlich als Heilmittel angewendet.

Ein giftiger Nachbar: Der gefleckte Schierling wächst gerne an Wegrändern.

Botanik und Inhaltsstoffe

Der Gefleckte Schierling gehört in die Familie der Doldenblütler (*Apiaceae*). Von den zwei Arten der Gattung *Conium* ist eine in Südafrika beheimatet (*Conium chaerophylloides*), während der Gefleckte Schierling in Europa, Asien und Nordafrika vorkommt. Er wurde auch in anderen Gebieten eingeschleppt und eingebürgert. Der Stängel ist im unteren Teil meist braunrot gefleckt und kahl, der Blütenstand präsentiert sich in einer weißen Dolde. Der Schierling kann eine Höhe von bis zu zwei Metern erreichen und wächst an Wegrändern und Schuttplätzen. Alle Pflanzenteile enthalten Alkaloide, darunter das Hauptalkaloid Coniin, welches nach Mäuseharn riecht und scharf und bitter schmeckt. Eine besonders hohe Konzentration davon findet sich in den Früchten. Die Griechen nannten den Schierling «koneion» (die «Schwindelerregende»), woraus sich die Bezeichnung des giftigen Inhaltsstoffes Coniin ableitet. Eine Vergiftung mit dem Gefleckten Schierling führt zu Muskellähmung, der Tod erfolgt bei vollem Bewusstsein durch Atemlähmung.

Keuschheitsmittel

Der Gefleckte Schierling hat eine keusch machende oder anaphrodisische Wirkung. Diese machten sich die Priester der eleusischen Mysterien zunutze. Dabei handelte es sich um eine alljährlich stattfindende Prozession im Gedenken an Persephones Rückkehr aus der Unterwelt. Den Priestern wurde dabei eine absolute Keuschheit vorgeschrieben, somit galt es, jede Erektion, auch eine nächtliche, zu verhindern. Zu diesem Zwecke tranken sie Schierlingssaft und rieben ihre Hoden mit Schierlingspaste ein. Auch Mönche und Nonnen bedienten sich des Schierlings als Keuschheitsmittel. Deshalb wurde er oft in Klostergärten angebaut, so dass man ihn noch heute wild wachsend in der Nähe von Klosterruinen findet. Verbreitet war auch die Meinung, dass Schierlingspflaster die Geschlechtsorgane schwächen. Trage man Schierling auf die weibliche Brust auf, lasse dies den Milchfluss versiegen und verhindere, dass jungfräuliche Brüste zu groß würden.

Flugsalbe

Im 16. und 17. Jahrhundert galt der Schierling als gefährliche Hexenpflanze. Hexen verwendeten ihn nicht nur für Giftmorde, sondern auch als wesentlichen Bestandteil der Hexensalben, die auch Flugsalben genannt wurden. Hierbei handelte es sich um ein Rauschmittel, welches neben dem Schierling noch Bilsenkraut (*Hyoscyamus niger*) und Alraunenwurzel (*Mandragora officinarum*) enthielt. In kleinen Mengen eingenommen oder in die Haut gerieben, erzeugte das Gift das Gefühl zu schweben oder in der Luft zu gleiten.

Heute ist der Gefleckte Schierling in seinem Auftreten stark zurückgegangen und steht in der Schweiz als gefährdete Pflanze auf der roten Liste. Dazu beigetragen haben chemische Unkrautvertilger und eine intensivierte landwirtschaftliche Nutzung. Wir können den Gefleckten Schierling sowie weitere Zutaten der Flugsalbe im Heilpflanzengarten bewundern, doch bitte mit Vorsicht: giftig!

Heilende Riesen

Jahrtausende vor unserer Zeitrechnung hat der Mensch die heilenden Kräfte der Pflanzen erkannt und für seine Gesundheit genutzt. Ägypter, Griechen und Römer haben den Grundstein zur Pflanzenheilkunde gelegt. Viele ihrer Erkenntnisse kamen den Menschen späterer Jahrhunderte zugute und haben entscheidend zum Fortschritt der Medizin beigetragen. Im Heilpflanzengarten sind die Pflanzen nach ihren Wirkstoffen angeordnet.

Ein kühles Bier an heißen Sommertagen, wie erfrischend! Doch wer denkt schon beim Trinken an die Pflanze, die für den aromatisch-bitteren Geschmack und die lange Haltbarkeit des Biers verantwortlich ist? Der Hopfen (*Humulus lupulus*), der zu den Hanfgewächsen (*Cannabaceae*) gehört, kommt vor allem in Gebüschen und Wäldern in der Nähe von Gewässern vor und ist rund um den Erdball vom 30. bis zum 60. nördlichen Breitengrad verbreitet.

Hopfen – für einmal nicht flüssig

Als Kulturpflanze wird er meist in windgeschützten Hopfengärten angepflanzt. In der Schweiz ist dies nur noch an wenigen Stellen in den Kantonen Zürich und Thurgau der Fall, in unseren Nachbarländern ist der Hopfen jedoch noch eine wichtige Kulturpflanze, vor allem in Bayern und Böhmen.

Geerntet werden beim Hopfen ausschließlich die weiblichen, zapfenähnlichen Blütenstände. Sie sind mit Drüsen besetzt, welche die Inhaltsstoffe Humulon und Lupulon enthalten. Diese Bitterstoffe sind für den Biergeschmack verantwortlich, finden aber auch in der Medizin bei der Herstellung von Beruhigungs- und Schmerzmitteln Verwendung.

Die Hopfenpflanze entwickelt sich aus einem mehrjährigen Wurzelstock. Fünf bis sieben Meter lange Triebe winden sich an Sträuchern und Bäumen empor. Die jungen Hopfentriebe werden in manchen Gegenden gekocht und wie Spargel zubereitet. Der Hopfen im Heilpflanzengarten hält sich weithin sichtbar an einer langen Stange und bildet auch die typischen weiblichen Blüten aus – sie werden aber kaum je geerntet, um als «Stange» auf den Tisch zu gelangen.

Nordamerikanische Sonnenhüte

Kleinen, rosa-purpurfarbenen Hüten, die sich der Sonne zuneigen, sehen sie ähnlich, die Blüten des Sonnenhutes, von dem im Heilpflanzengarten der Schmalblättrige (*Echinacea angustifolia*) und der Rote (*Echinacea purpurea*) anzutreffen sind. Der lateinische Name *Echinacea* stammt aus dem griechischen Wort «Echinos» und bedeutet «Igel», was den stark gewölbten Köpfchenboden mit den braunen Scheibenblüten und den fast dornartigen, langen Spreublättern ebenfalls treffend beschreibt.

Inzwischen ist die attraktive Heilpflanze, die erst im 19. Jahrhundert den Weg aus Nordamerika zu uns fand, aus unseren Gärten und vor allem der Pflanzenheilkunde nicht mehr wegzudenken. Ihre Inhaltsstoffe zeichnen sich durch die Eigenschaft aus, die körpereigenen Abwehrkräfte gegen Infektionskrankheiten zu stärken. In der indianischen Medizin war dies schon seit langer Zeit bekannt.

Heilende Riesen

Ebenfalls der Familie der Korbblütler (*Asteraceae*) zugehörig ist der Echte Alant (*Inula helenium*). Den Namen führt Plinius auf die schöne Helena zurück, aus deren Tränen die Pflanze entstanden sein soll. Ursprünglich stammt die Pflanze wahrscheinlich aus Zentralasien sowie Südost- und Südeuropa. Sie ist aber vielerorts eingebürgert und auch in Mitteleuropa verbreitet.

Die Pflanze ist mit ihrer Wuchshöhe von bis zu zwei Metern eine imposante Er-

Stärkt die Abwehrkraft: der Rote Sonnenhut

scheinung. Die zahlreichen Blüten sind kräftig gelb und doldentraubig angeordnet. Der Echte Alant gehört zu den sehr alten Heilpflanzen, er wurde bereits von den Römern verwendet und angebaut. Im Mittelalter war besonders der daraus hergestellte Alantwein «potio Paulinae» ein beliebtes Universalmittel gegen Bronchialerreger. Die moderne Medizin bestätigt die Wirkung als Wurmmittel. Verwendet wird die kräftig gebaute Wurzel, die bis 50 Zentimeter lang und drei Zentimeter dick sein kann.

Ein weiterer Riese ist der ebenfalls bis zwei Meter hoch werdende Fenchel (*Foeniculum vulgare*) mit seinem charakteristisch starken Duft. Der Fenchel ist weit verbreitet in der warmen und gemäßigten Zone, doch seine Heimat hat er im Mittelmeergebiet. Schon seit dem Altertum ist er als Arzneipflanze bekannt. Nach Dioskurides soll der Genuss des Krautes oder der Früchte bei Frauen die Milchabsonderung vermehren. Fencheltee dient zur Stärkung des Magens sowie zur Hemmung von Blähungen und zur Förderung des Stuhlgangs, während der aus den Pflanzen und den Früchten gezogene Saft den Augen heilsam sein soll. Eine Abkochung des Blütenstängels galt als harntreibendes Mittel, mit Wein getrunken als Gegenmittel bei Schlangenbissen. Zum Teil wird noch heute eine Abkochung der Früchte als Schlafmittel für kleine Kinder verwendet.

Es ist nicht alles bösartig, was sticht

Manchmal möchte man das wogende sommerliche Farbenmeer aus gelben, roten, orangen, violetten oder blauen Blüten am liebsten einfangen und für den Winter aufheben. Bei einigen Pflanzen ist das auch nahezu möglich: Im Heilpflanzengarten finden sich Gewächse, die vor langer Zeit zum Färben von Textilien und anderen Materialien verwendet wurden. Eine ganz besondere Distelart spielte dabei eine wichtige Rolle.

Wer sich auf Disteln setzt, springt meist sogleich wieder auf, und selbst der gemütlichste Picknickplatz wird durch die stacheligen Gesellen vergällt.

Dass verschiedene distelartige Pflanzen von alters her als Nutz- und Heilpflanzen dienen, ist jedoch den wenigsten Menschen bekannt.

Falscher Safran

Wie alle echten Disteln gehört die Färberdistel (*Carthamus tinctorius*) zur Pflanzenfamilie der Korbblütler (*Asteraceae*). Bei diesen sind viele kleine Blüten vereinigt, so dass beispielsweise bei der Färberdistel ein wunderschön gestalteter, sternartiger Blütenstand zu sehen ist, in dessen Mitte die eigentlichen kleinen, gelben Blüten sitzen. Trotz ihrer Schönheit wird die Färberdistel in Mitteleuropa kaum als Schnittblume gezogen. Nur in wenigen Blumenläden wird sie zum Verkauf angeboten. Vereinzelt ist diese Distelart verwildert auf Schutt an Wegrändern oder Bahndämmen vorzufinden. Ihre Heimat liegt vermutlich im Orient. Der wissenschaftliche Name der Gat-

Stachelige Schönheit voller Heilkraft: die Mariendistel

tung, *Carthamus*, leitet sich vom arabischen «kurthum» (färben) ab, das wiederum vom hebräischen Wort «kartami» abstammt, welches ebenfalls «färben» bedeutet. Um etwa 2500 v. Chr. färbten die Ägypter Mumienbinden mit der Färberdistel ein. Da die Farben der Pflanze jedoch eine schlechte Lichtechtheit aufweisen, wurde sie in späteren Epochen kaum mehr verwendet. Die anderen Bezeichnungen der Färberdistel wie «Falscher Safran» oder «Färbersaflor» rühren daher, dass der echte Safran manchmal mit *Carthamus*-Farbstoffen gestreckt wird. In einigen afrikanischen Ländern wird die Färberdistel als Ölfrucht angebaut.

Es gibt noch einige andere Disteln, welche für den Menschen nützlich sind. Die Mariendistel (*Silybum marianum*) mit ihren typisch weiß-gefleckten und dornig gezähnten Blättern enthält Wirkstoffe, die bei Leberleiden eingesetzt werden. Der Name Mariendistel stammt von einer alten Legende, wonach die weißen Flecken auf ihren Blättern von der Milch der Jungfrau Maria stammen. Die Eselsdistel (*Onopordum acanthium*) mit ihren graufilzigen Blättern erreicht im Ruderalteil imposante Höhen von über zwei Metern. Sie besiedelt steinige, unbebaute Orte und bevorzugt warme Lagen. Im Heilpflanzengarten finden wir die Artischocke (*Cynara scolymus*), die nebst dem kulinarischen Nutzen auch in der Naturheilkunde bei Verdauungsproblemen und Appetitlosigkeit eingesetzt wird.

Doldengewächse im Distelgewand

Ebenfalls im Heilpflanzengarten wachsen andere distelartige Pflanzen, die jedoch nicht mit den echten Disteln verwandt sind, sondern aufgrund ihrer Blütenmerkmale der Familie der Doldengewächse (*Apiaceae*) zugeordnet werden. Es ist die Gattung der Mannstreu (*Eryngium* sp.), welche meistens kaum welkende Blätter hat und daher für Trockensträuße sehr beliebt ist. Der deutsche Name Mannstreu wird unterschiedlich gedeutet: Eine Erklärung besagt, dass er von den dornigen Blättern ausgeht, die dem bösen Mann ins Bett gestreut wurden. Andere Quellen benennen die aphrodisische Wirkung dieser Art. Auch bei dieser Pflanze sind mehrere Blüten zu einem Blütenstand zusammengefasst. Der Feld-Mannstreu (*Eryngium campestre*) wehrt sich ebenfalls mit Stacheln, und kaum jemand würde vermuten, dass diese Pflanze mit der Wilden Möhre (*Daucus carota*) oder dem Bärenklau (*Heracleum sphondylium*) verwandt ist. Der Feld-Mannstreu besiedelt in Europa Trockenrasen, sonnige Wegraine und Dämme in warmen Gebieten, ist aber in der Schweiz äußerst selten anzutreffen. Die zarten Schösslinge lassen sich als Salat zubereiten, die jungen Blätter können wie Gurken in Weinessig eingelegt werden. Der Pflanze werden appetitanregende und harntreibende Eigenschaften zugeschrieben. Der große Bruder des Feld-Mannstreu, der Alpen-Mannstreu (*Eryngium alpinum*), ist in der Wildnis ebenfalls sehr selten. Wegen seiner ästhetischen, blauviolett gefärbten Blütenstände wird er in vielen Gärtnereien der Alpen kultiviert. Eine Art, die ihm ähnlich sieht, ist der aus dem Kaukasus stammende Elfenbein-Mannstreu (*Eryngium giganteum*). Ihm fehlt zwar die Blaufärbung, in seinem Silbergewand wirkt er ansprechend und wird deshalb seinem deutschen Namen gerecht.

Rittersporn und Eisenhut

Steigt man im Hochsommer am Pyrenäenteil vorbei die Treppe hinunter, so fällt linkerhand die Farbenpracht der Hochstaudenfluren ins Auge. Wer hat sie nicht auch schon in freier Wildbahn kennen gelernt und musste sich durch die dichten Stauden einen Weg bahnen?

Der Begriff Hochstaudenflur ist eine Bezeichnung für vorwiegend aus hochwüchsigen, ausdauernden Stauden zusammengesetzte Pflanzenbestände. Da sie ein regelmäßiges Abmähen nur schlecht vertragen, wachsen sie meist außerhalb der bewirtschafteten Gebiete. Die Pflanzen treiben im Frühjahr aus, entwickeln üppige Bestände, ziehen im Herbst Laub und Stängel ein und überwintern mit verschiedenen Speicherorganen im Boden. In der subalpinen Zone sind Hochstaudenfluren in frischen nährstoffreichen Mulden oder an abgelegenen halbschattigen Waldrändern der Alpweiden zu finden, die vom Vieh zwar durchgangen, aber nicht abgefressen werden. Ist genügend Licht vorhanden, findet man die Hochstauden auch bis weit in den Fichtenwald oder das Erlengebüsch hinein. Der Graue Alpendost, der Blaue und Gelbe Eisenhut, der Alpenmilchlattich oder der seltene Rittersporn sind auffällige Vertreter dieser Pflanzengesellschaften. Der Weiße Germer ist hier auch häufig. Unter den Hochstaudenpflanzen fallen außerdem das Wald-Weidenröschen, aber auch die Große Sterndolde und das Sperrkraut, auch Himmelsleiter genannt, auf.

Der Hohe Rittersporn

Der Hohe Rittersporn (*Delphinium elatum*) gehört zur Familie der Hahnenfußgewächse (*Ranunculaceae*) und kommt in den europäischen Gebirgen vor. So reicht sein Verbreitungsgebiet von den Pyrenäen über die Alpen und Karpaten bis nach Sibirien und Zentralasien.

Der lateinische Name *Delphinium* ist vom griechischen «Delphinion» abgeleitet; die Blütenform erinnerte die Griechen an Delfine. Die Blüten des Rittersporns sind in einer dichten Traube angeordnet. Jede Einzelblüte besteht aus fünf blauen Kelchblättern, von denen das obere in einen langen Sporn ausgezogen ist (daher der deutsche Name). Am Grunde dieses Sporns wird Nektar abgesondert, der allerdings nur Hummeln mit ihren langen Rüsseln zugänglich ist. Die dunkelbraunen bis schwarzen Samen des Rittersporns enthalten giftige Alkaloide, die in früheren Jahrhunderten als harntreibende Heilmittel in der Volksmedizin Verwendung fanden.

Bei uns findet man den Hohen Rittersporn vorwiegend auf kalkhaltigen, nährstoffreichen Böden der subalpinen Stufe bis etwa 2000 Meter über Meer. Besonders gut gedeiht er im lichten Grünerlengebüsch, in Hochstaudenfluren sowie auf feuchtem, ruhendem Grobgeröll. Hier kann er eine Höhe von bis zu 150 Zentimetern erreichen. Im schweizerischen Alpenraum ist der Rittersporn nur selten in freier Natur anzutreffen und steht deshalb unter Schutz. Im Pflanzenhandel ist er jedoch in zahlreichen kultivierten Sorten erhältlich. Wer an der wundervollen Pflanze Gefallen findet, kann sie somit im eigenen Garten leicht heranziehen.

Von eisernen Hüten und Giftmorden

Ebenfalls in Hochstaudenfluren anzutreffen sind der Blaue und der Gelbe Eisenhut (*Aconitum napellus* und *Aconitum vulparia*). Die deutsche Bezeichnung Eisenhut rührt von der helmartigen Form des oberen Blütenteils her, welcher im Mittelalter mit der Kopfbedeckung der Krieger verglichen wurde. Der Blaue Eisenhut, in der blauen Blütenfarbe ähnlich intensiv wie der Rittersporn, ist eine der giftigsten Pflanzen Mitteleuropas. In der Antike

Der Graue Alpendost gedeiht in den üppigen Hochstaudenfluren.

und im Mittelalter waren Giftmorde an der Tagesordnung, wobei dem wirkungsvollen Gift des Eisenhuts eine wichtige Rolle zukam. Der berühmteste Mord in der römischen Geschichte ereignete sich im Jahre 54 n. Chr., als Kaiser Claudius auf mysteriöse Art und Weise sein Leben lassen musste. Nach dem ersten erfolglosen Versuch mit einem giftigen Pilzgericht wurde das Gift des Eisenhuts, das Aconitin, eingesetzt. Der kaiserliche Nachfolger war übrigens ein Mann mit Namen Nero.

In Kärnten bekamen die Pferde vor dem Verkauf Eisenhut zum Fressen vorgesetzt, damit sie schäumig und feurig wurden, was den Verkaufspreis erhöhen sollte. Auch das Gift des Gelben Eisenhuts wurde wirkungsvoll eingesetzt: Man mischte aus der Pflanze einen Trunk, welcher zum Töten von Wölfen benutzt wurde, weshalb der Eisenhut auch Wolfsgift genannt wird.

Zähe Zwerge

Sie scheuen weder stürmischen Wind noch eiskaltes Wetter und klettern auf über 3000 Meter Höhe. Sie gedeihen auch in Schneetälchen, wo sie nur während kurzer Zeit im Sommer die Sonnenstrahlen genießen können. Die Rede ist von den Zwergsträuchern, einer Gruppe von Extrembergsteigern der Schweizer Flora.

Im Juli laden unsere Berge zu ausgedehnten Wanderungen in den farbigen Bergsommer ein. Über der Baumgrenze haben sich zwischen Felsritzen kleine, dichte Polster festgesetzt. Diese niederliegend wachsenden Arten sind hervorragend an ihren Lebensraum in den Alpen angepasst: Durch ihren Zwergwuchs nützen sie nicht nur die Bodenwärme optimal aus, sondern schützen sich auch gegen die austrocknenden Winde. Aufgrund der relativ niedrigen Windgeschwindigkeit über dem Boden können die kleinwüchsigen Pflanzen den Wasserverlust in erträglichen Grenzen halten. Die langen Wintermonate verbringen die Zwergsträucher unter einer schützenden Schneeschicht. Wegen seines hohen Luftgehaltes ist Schnee ein guter Isolator; unter einer genügend dicken Schicht sinkt die Bodentemperatur praktisch nie unter den Gefrierpunkt. Dieser Schutz bewahrt die Pflanze im Winter bestens vor Frost und Austrocknen.

Strategien gegen Wind und Kälte

Die Silberwurz (*Dryas octopetala*) ist eine wahre Meisterin der Zwergwuchsstrategie. Die Zweiglein des Strauchs erheben sich nur knapp 10 Zentimeter über den Boden und bilden mit den kriechenden, überall wurzelnden Stämmchen ein enges, stark verwobenes Geflecht. Gerade wegen ihres dichten Wuchses weist die Silberwurz im Innern ihres Polsters ein relativ warmes, feuchtes und ausgeglichenes Klima auf. Einerseits können Wärme und

Zähe, zarte Schönheit der Alpen mit acht Blütenblättern: die Silberwurz

Feuchtigkeit zwischen den Stämmchen, Zweigen und Blättern gut zurückgehalten werden, andererseits kann der Wind kaum in das dichte Geflecht eindringen. Die Silberwurz hat immergrüne, ledrige Blätter, die es ihr erlauben, nach der langen Winterpause sofort die ersten warmen Sonnenstrahlen für die Photosynthese zu nutzen und mit dem Wachstum zu beginnen. Diese Blätter überdauern die mehrmonatige Winterpause problemlos und die Pflanze spart Zeit und Energie, welche sie für den jährlichen Aufbau der Blätter benötigen würde.

Weiße Greisin

Die Silberwurz trägt ihren Namen wegen der weißfilzigen Unterseite ihrer Blättchen. Gut verborgen unter diesem Haarfilz liegen die Spaltöffnungen, über welche die Pflanze unter anderem Wasser abgibt. Die Haare bauen um die Spaltöffnungen eine windstille, feuchte Luftschicht auf. Dadurch wird die Verdunstung herabgesetzt und somit verhindert, dass die Pflanze an warmen Tagen zu viel Wasser verliert.

Am häufigsten ist die Silberwurz zwischen 1200 und 2500 Meter Höhe auf Kalkgestein anzutreffen. Einige Exemplare scheuen sich aber nicht, auch auf über 3100 Meter emporzuklettern, wie zum Beispiel am Piz Travü im Unterengadin. Wegen der kurzen Vegetationszeit in dieser luftigen Höhe ist der jährliche Zuwachs gering, das Alter aber entsprechend hoch: Für diesen kleinen, knorrigen Zwergstrauch stellen 50 bis 100 Jahre ein durchaus erreichbares Alter dar. Bei den Alphirten diente die Silberwurz als gern gesehener Tee-Ersatz und als Mittel zur Behandlung von Koliken, zur Appetitanregung sowie zur Verdauungsförderung.

Pilze helfen kräftig mit

Auch andere Extrembergsteiger sind auf ähnlich schwindelerregenden Höhen zu finden, wie beispielsweise die Quendelblättrige Weide (*Salix serpyllifolia*). Sie besitzt winzige, sommergrüne Blätter, die im Herbst abfallen, sich im Laufe der Jahre im dichten Netz der Zweige und Wurzeln anhäufen und allmählich eine Humusschicht bilden. Um die darin vorhandenen Nährstoffe optimal ausnützen zu können, lebt die Weide, wie die Silberwurz und viele andere Zwergsträucher auch, in Lebensgemeinschaft mit einem Pilz. Die Pilzfäden sind viel kleiner als diejenigen der Wurzeln und können somit Wasser und Nährstoffe sehr effizient aus dem Boden aufnehmen. Indem sie die Wurzeln der Weide – wie ein Mantel – eng umschließen, wird der Stoffaustausch gewährleistet. Das Zusammenspiel zwischen Pilz und Pflanze wird Mykorrhiza genannt. Der Pilz ist dabei nicht ganz selbstlos, denn er erhält als Gegenleistung von der Pflanze Kohlenhydrate.

Eine dritte Vertreterin dieser Wachstumsstrategie ist die Herzblättrige Kugelblume (*Globularia cordifolia*); sie ist vor allem auf flachgründigen Felspodesten in zum Teil sehr steilen Lagen der Alpen zu finden. Diese sonnigen Standorte können in den Alpen schon relativ früh schneefrei sein, wenn auf den alpinen Rasen noch eine dicke Schneedecke liegt. Aus diesem Grund erwacht die Kugelblume in hohen Lagen schon früh und wirbt bereits im Mai mit blühenden Teppichen aus kugeligen, violett-blauen Blütenständen um die wenigen Insekten.

Wegen des Nährstoff- und Wassermangels in den flachgründigen Böden sind die Zwergsträucher gezwungen, sparsam und langsamwüchsig zu leben. Diese Standorte haben aber einen Vorteil: Nur wenige Pflanzen sind an diese extremen Standorte angepasst und können mit Kugelblume, Weide und Silberwurz konkurrieren. Im Garten gibt es weder Wettbewerb noch Nährstoffmangel – ob dies wohl der Grund ist, dass unsere Exemplare so schön blühen und kräftig wachsen?

Heinrich und der Hummelstar

Die einen geben sich mit einem mageren Angebot zufrieden, die anderen mögen einen reichlich gedeckten Tisch – zwei Alpenpflanzen vertreten im Botanischen Garten diese beiden Lebensphilosophien. Während die eine bei den Alphirten früher als Nutz- und Heilpflanze begehrt war und gegen Hautleiden eingesetzt wurde, setzt die zweite Pflanze andere Mittel ein, um die Aufmerksamkeit der Besuchenden auf sich zu lenken. Der Erfolg ist beiden gewiss.

Not macht erfinderisch! Diesen spartanischen Leitspruch verdeutlichen die alpinen Pflanzen mit ihrer Lebensweise: Wo sie leben, in Höhen über der Waldgrenze, ist es vielen Insekten zu unwirtlich. Wollen die Pflanzen die spärlichen Blütenbesucher anlocken, müssen sie oft ganz besonders attraktive Blüten ausbilden – oder sie machen sich für ihre Bestäubung von der Insektenwelt unabhängig.

Werbefachleute unter den Pflanzen

Sind es bei uns Menschen farbenreiche und große Leuchtschriften, die uns zu einem bestimmten Ort oder Produkt locken sollen, so sind es bei den insektenbestäubten Alpenpflanzen meist große Blüten und optisch auffallende Farben, welche die Insekten zur Nektarquelle hinführen. Ein wahrer Könner dieses Geschäfts wirbt vorwiegend auf alpinen Rasen um die Gunst der Insekten; er lacht vielen von uns aber auch auf einer Butterverpackung entgegen: der Kochsche Enzian (*Gentiana acaulis*).

Man kann sich kaum vorstellen, dass der magere Boden, auf dem der Kochsche Enzian an seinen natürlichen, sauren Standorten wächst, genügend hergibt, um eine derart schöne Trichterblüte zu produzieren. Betrachtet man die übrigen Pflanzenteile, so findet man auch gleich die Lösung zu diesem Rätsel: Die Pflanze wächst auf den nährstoffarmen Böden

Der Kochsche Enzian leuchtet auf Bergwiesen und Butterverpackungen.

äußerst berechnend und investiert vor allem in die Blüte. Der Stängel ist sehr kurz und die Rosettenblätter sehen ledrig aus.

«Hummelblau»

«Klein, aber fein» ist das Motto vieler Alpenpflanzen. Der Erfolg dieser Strategie gibt dem Enzian Recht: Vor allem Hummeln sind «scharf» auf die blaue Blütenfarbe des Enzians und fliegen zielsicher zu jedem dieser Anziehungspunkte. Die Blüten haben die Eigenheit, dass sie nebst den blauen Lichtwellen auch die in den Alpen sehr intensive ultraviolette Strahlung reflektieren. Hummeln sehen vor allem dieses UV-Licht und nehmen solche Blüten besonders wahr. Ist eine Hummel im Begriff, sich am gedeckten Tisch der Enzianblüte gütlich zu tun, so geht das nicht ohne Gegenleistung: Will sie den ganzen Vorrat an Nektar allein für sich gewinnen, muss sie insgesamt fünfmal in die Nektarkammer stechen. Dieser für die Hummel ärgerliche Aufwand ist durchdachte Taktik des Enzians: Um zur ganzen süßen Ernte zu gelangen, muss die Hummel die Blüte meistens mehr als einmal besuchen. Dadurch ist die Wahrscheinlichkeit äußerst groß, dass die Bestäubung erfolgt.

Windblütig statt werbetüchtig

Unweit der alpinen Rasen mit den farbenprächtigen Enzianen stößt man bei den Alphütten auf hochgewachsene, üppig grüne Pflanzen mit unauffälligen Blüten. Hierbei handelt es sich um den Guten Heinrich (*Chenopodium bonus-henricus*).

Im Gegensatz zum Enzian muss der Gute Heinrich nicht um Insekten werben, ihm reicht der Wind als Pollenüberträger aus. Dem Wind ist Farbenpracht unwichtig, weshalb windbestäubte Pflanzen meistganz unauffällige, wenig spektakuläre Blüten ausbilden. Auch wenn uns sein Aussehen wenig anspricht, bietet der Gute Heinrich dafür andere Dienste an, die schon seit Urzeiten geschätzt wurden und heute leider etwas in Vergessenheit geraten sind. Allein schon sein Name weist auf die Heilwirkung der Pflanze hin. Der Gute Heinrich wirkt abführend und beruhigt entzündete Haut und Schleimhäute. Die dreieckig-spießförmigen und bis zehn Zentimeter langen frischen Blätter können äußerlich als Umschläge bei Abszessen angewendet werden. Sie erinnern ihrem Aussehen nach an Spinat und werden in jungem Zustand auch heute noch als Gemüse gegessen. So wertet der Gute Heinrich die Mahlzeiten der Alphirten auf.

Wie der Gute Heinrich auf die Alp kam

Der Gute Heinrich ist überall dort anzutreffen, wo der Mensch seine Spuren hinterlässt, sowohl in den Alpen wie auch in tieferen Lagen. Als uralter Kulturbegleiter findet man ihn weit verbreitet an Wegrändern, auf Schuttstellen und Viehweideplätzen. Der moderne Lebensstil mit Asphaltierung der Wege und Aufstallung des Viehs hat den Guten Heinrich heute aus dem Dorfbild verschwinden lassen, wegen seines unauffälligen Aussehens wurde dies jedoch kaum bemerkt.

Wie kommt eine nährstoffliebende Pflanze wie der Gute Heinrich dazu, sich ausgerechnet in der Nähe einer mageren Alpweide anzusiedeln? Die nährstoffreichen Lägerstellen bieten ihm genügend Nahrung, weshalb er hier auch in großen Mengen gedeiht.

Blauer Mohn und Riesenlilie

Wer in der Sommerhitze Frische im Schatten des Waldgartens sucht, wird sich vielleicht im ersten Moment wundern, ob er Opfer von zu viel Sonne geworden ist. Da blüht der Mohn plötzlich in zartem Blau und eine Lilie streckt sich riesig in die Höhe, als gälte es, das Blau des Himmels zu erreichen.

Im Roman «Heinrich von Ofterdingen» beschreibt der Romantiker Novalis die Suche nach einer blauen Blume. Liest man seine Beschreibungen, so stellt man sich eine Blume vor, die eleganter als jeder Enzian, zarter als jeder Rittersporn und luftiger als überhaupt eine blaue Blume ist, die man gewöhnlich zu sehen kriegt. Wer sich aber in der Sommerhitze in den Botanischen Garten schleicht, wird zwischen Moorbeet und Waldgarten auf eine Pflanze stoßen, die der Beschreibung von Novalis schon sehr nahe kommt: Es ist der Blaue Scheinmohn (*Meconopsis betonicifolia*). Seine Blüten sind von einem Blau, wie man es in der Natur nur selten antrifft, und die fein gefalteten Blütenblätter von einer ungewöhnlichen Zartheit.

Scheinmohn

Der Scheinmohn (*Meconopsis* sp.) gehört wie der uns besser bekannte Klatschmohn (*Papaver rhoeas*) oder der berüchtigte Schlafmohn (*Papaver somniferum*) zur Familie der Mohngewächse (*Papaveraceae*). Die meisten der rund 50 Scheinmohnarten sind im Himalaya zu Hause. Die einzige europäische Art ist der Gallische Scheinmohn (*Meconopsis cambrica*), welcher im westlichen Teil des Alpinums zu sehen ist. Diese Art stammt ursprünglich aus dem atlantischen Westeuropa, ist aber im Begriff, sich gegen Osten auszubreiten. So kann sie mit ihren leuchtend gelben Blüten seit ein paar Jahren auch gelegentlich in der Schweiz gefunden werden.

Himmelblaue Pracht

Bei den blau blühenden Arten aus dem Himalaya ist die Artzuordnung manchmal nicht ganz problemlos, weil sich die botanischen Kostbarkeiten gar einfach untereinander kreuzen. Viele dieser Arten sind alles andere als leicht zu ziehende Sommerblumen und brauchen aufmerksame Pflege. Wird ihnen diese aber gegeben, erfreuen sie uns im Frühsommer mit ihren himmelblauen Blüten. Unser Blauer Scheinmohn stammt aus den feuchteren Gebieten des Himalayas. Als ausgesprochener Schattenliebhaber bekommt ihm sein Standort im humusreichen Boden unter den Bäumen des Waldgartens bestens. Leider ist er nicht winterhart und muss jedes Jahr aus Samen neu angezogen werden.

Eine Lilie lässt Herzen höher schlagen

Nathaniel Wallich, ein dänischer Chirurg und erster Direktor des Botanischen Gartens von Kalkutta, staunte wohl nicht schlecht, als er auf einer seiner Exkursionen in die Gebirge des Himalayas die Riesenlilie (*Cardiocrinum giganteum*) entdeckte. Bis zu 3,5 Meter hoch wird die Lilie, welche noch zwei weitere, aber bedeutend kleinere Schwestern in den chinesischen Gebirgen hat. Im Sommer blüht sie mit bis zu 25 Zentimeter langen Blüten, die stark und betörend duften.

Wer weiß, wie ein wissenschaftlicher Name gebildet wird, kann daraus oftmals die Beschreibung der Pflanze ablesen. «Cardio» bedeutet «Herz» und «*Crinum*» ist der altgriechische Name der Lilie. Die Riesenlilie ist also nicht nur sehr groß, sie hat auch wunderschöne, herzförmige Blätter. Kein Wunder, dass sie unsere Herzen höher schlagen lässt!

Ein anspruchsvoller Gast

Am besten genießen Sie die Pflanze gleich neben dem Betonienblättrigen Scheinmohn. Denn um sie zu Hause ziehen zu

Der Blaue Scheinmohn gedeiht im schattigen Waldgarten.

können, brauchen Sie nicht nur einen grünen Daumen, sondern auch noch eine Menge Geduld. Oftmals vergehen viele Jahre, ehe sich die Pflanze anklimatisiert hat und zu blühen beginnt. Die aus Samen gezogenen Riesenlilien brauchen mindestens fünf Jahre, bis sie ihre prächtigen Blüten zur Schau stellen.

Die Riesenlilie kommt wild von Nepal über Burma bis ins westliche China auf einer Höhe zwischen 1600 und 3300 Metern über Meer vor. In ihrer Heimat sollen die hohlen Stängel zur Anfertigung von Flöten und Pfeifen verwendet werden.

Das ungewöhnliche Paar aus dem Himalaya lädt an warmen Sommernachmittagen zum süßen Nichtstun in der Schattenwelt des Waldgartens ein. Und da lässt es sich gar vortrefflich träumen oder gar ein paar Zeilen aus Novalis' Roman lesen.

Apérozeit

Stellen Sie sich vor, die Sonne scheint heiß, Sie sitzen unter einem schattigen Olivenhain, trinken einen kühlenden Grenadinensirup und genießen köstliche Oliven … Wenn Ihnen diese Situation behagt, möchten Sie vielleicht mehr über Olivenbäume und Granatäpfel erfahren.

In Olympia stand ein uralter Olivenbaum, der das Laub für die Siegerkränze lieferte, ähnlich dem Lorbeerbaum der Römer. Das schlichte, etwas ledrige und unterseits silbern glänzende Blatt des Ölbaums galt als edel, für den Besten und Schnellsten gerade gut genug. Es hat die Form einer kämpferischen Lanzenspitze und scheint wie gerüstet für den Kampf. Und so behauptet sich der Baum auf den trockenen, oft mageren Böden des Mittelmeergebietes gegen Austrocknung, Hunger und Tierfraß, bildet mit den Jahren einen knorrigen Stamm und liefert, als gäbe es alles im Überfluss, alljährlich seine ölreichen Steinfrüchte. Diese entwickeln sich aus eher unscheinbaren weißlich-gelben, ligusterähnlichen Blüten.

Die Herkunft der Oliven

Oliven existieren in den verschiedenen Mittelmeerländern in zahlreichen Sorten und sind je nach Reifestadium von grüner bis blauschwarzer Farbe. Sie werden ab November bis März geerntet, wobei nur wenige Früchte als Speiseoliven Verwendung finden. Der größte Teil der Ernte wird zu Olivenöl verarbeitet.

Vorfahre oder Stammpflanze des kultivierten Ölbaums (*Olea europaea* var. *sativa*) soll der Oleaster (*Olea europaea* var. *sylvestris*) sein, welcher im Mittelmeerhaus zu finden ist. Die oft vierkantigen Zweige mit kleinen, länglichen und harten Blättern enden in Dornen. In einigen Gebieten, zum Beispiel auf Zypern, kann er wildwachsend angetroffen werden. Eine andere Theorie besagt, dass der kultivierte Ölbaum wohl nicht vom Oleaster abstammt, sondern von anderen verwandten Olea-Arten des ostasiatischen Raumes. Ein nicht gepflegter Ölbaum verkümmert, seine Zweige wuchern aus, er verwildert, entwickelt sich aber nicht zum dornenbesetzten Oleaster zurück; dies verleiht dieser zweiten Meinung eine gewisse Glaubwürdigkeit.

Wo genau der Ursprung der Olivenkultur liegt, ist nicht genau bekannt. Ausgrabungen bei Jericho nördlich des Toten Meeres enthüllten aber, dass Olivenbäume in dieser Gegend schon 3700 v. Chr. kultiviert wurden.

Die Familie der Olivenbaumgewächse (*Oleaceae*) beherbergt etwa 600 Arten. Der Gemeine Liguster und die Esche befinden sich ebenfalls in dieser Familie und sind somit nahe verwandte des Olivenbaumes. Zur Gattung *Olea* selber werden rund 30 Arten gezählt, welche in gemäßigtem und tropischem Klima der Alten Welt wachsen.

Ist Rot Ihre Lieblingsfarbe?

Im Mittelmeerteil ist der Granatapfelbaum (*Punica granatum*) vorzufinden, ein kleiner Baum mit sommergrünen Blättern. Auffällig ist während der Blütezeit der dickliche, feurig rote Kelch, der die ebenso kräftig roten Blüten umgibt. Der in seiner Verbreitung durch den Menschen stark geförderte Granatapfel kommt heute auf fast allen Kontinenten vor. Ob er ursprünglich aus dem Mittelmeergebiet oder Persien stammt, ist nicht genau geklärt. In der Schweiz verwilderte der Granatapfelbaum aus Gärten und gedeiht vereinzelt an trockenen Hängen und Felsen im Wallis und im Tessin.

Alte Kultur- und Symbolpflanze

Als eine der ältesten Arznei- und Kulturpflanzen spielte der Baum bereits im syrisch-phönizischen Götterdienst eine wichtige Rolle, bei den Ägyptern war er schon 2500 v. Chr. bekannt und gebräuchlich. Auch als Totenopfer hatte der Granatapfel eine große Bedeutung, sei es als Darstellung auf den Grabwänden oder als Opfergabe im Grab. Nach der griechischen Mythologie ist der Baum aus vergossenem Blut entstanden und wird der Unterwelt zugeordnet. Granatäpfel galten wegen ihres Kernreichtums als Symbol der Fruchtbarkeit. Bei den Juden wurde der Granatapfel als Symbol der Eintracht verehrt. In der römischen Kultur stellte ein Zweig des Baumes das Sinnbild für Einigkeit, Demokratie und Freundschaft dar, während die Blüte als Zeichen feuriger Liebe interpretiert wurde. Die spanische Stadt Granada, im 10. Jahrhundert von den Mauren gegründet, erhielt ihren Namen vom Granatapfel.

Das heute noch beliebte Granatapfelmuster findet sich seit dem Altertum immer wieder als Motiv auf verschiedenen Stoffen. Nebst der mystischen Bedeutung war der Granatapfel aber auch als Arzneipflanze bekannt. Geschätzt wurde er vor allem als kräftiges Bandwurmmittel und als Fiebermittel. Auch vom kulinarischen Gesichtspunkt aus ist der Granatapfel begehrt: Aus den säuerlichen Früchten wird der Grenadinensirup gewonnen.

Ob dieser Olivenbaum gepflanzt wurde, als der Tempel noch rege in Betrieb war?

Ohne Kork kein edler Wein

Trinken Sie gerne einen guten Tropfen Wein? Dann wissen Sie bestimmt, dass nebst der Qualität der Weintraube und ihrer Verarbeitung auch die Art der Lagerung eine wesentliche Rolle spielt. Dank dem Korkzapfen kann der Wein in der Flasche reifen und wird nicht zu saurem Essig. Der Kork stammt von Eichen, die auch im Garten gedeihen.

Dom Pérignon, ein französischer Benediktinermönch und Erfinder des Champagnerkorkens, soll die Idee, Flaschen mit Korken zu verschließen, von spanischen Wallfahrern übernommen haben, die ihre Lederflaschen mit rohem Kork zustopften. Andere Quellen behaupten, der ehrwürdige Bruder habe einige Zeit in einem südspanischen Kloster verbracht und dort die Vorzüge der elastischen Rinde entdeckt. Wie dem auch sei: Erst um 1670 hat der Korken zur Flasche gefunden, obwohl schon um 500 v. Chr. Tonamphoren mit diesem Material verschlossen wurden.

Elastischer Kork

Der für den Verschluss der Weinflaschen verwendete Kork stammt von der Rinde der Kork-Eiche (*Quercus suber*). Die Kork-Eiche ist nahe verwandt mit unserer Stiel-Eiche (*Quercus robur*) und gehört wie alle 400 Eichenarten auf der Erde zur Familie der Buchengewächse (*Fagaceae*). Sie ist ein 20 Meter hoher, immergrüner Laubbaum mit einer breiten und lockeren Krone. Ihr natürliches Verbreitungsgebiet liegt in den mittleren und westlichen Mittelmeerregionen. Zur Korkgewinnung ist der Baum seit langer Zeit in Kultur und wird heute auch in Russland, den USA, Südamerika und Australien angebaut.

Die Kork-Eiche erzeugt in den ersten 15 bis 20 Jahren einen brüchigen, wenig elastischen, so genannten männlichen Kork, der technisch kaum brauchbar ist. Er wird vorsichtig abgetrennt, ohne die darunter liegende, braunrote, junge Rinde zu verwunden. Darauf beginnt die Bildung einer neuen Korkschicht (Korkkambium), welche nach einem Jahrzehnt eine Dicke von fünf bis zehn Zentimeter aufweist. Dieser so genannte weibliche Kork wird dann alle 10 bis 12 Jahre regelmäßig abgeschält. Dadurch wird jeweils die Bildung einer neuen Korkschicht ausgelöst. Dies wiederholt sich bis zu einem Alter von 150 Jahren. Den abgeschälten Kork legt man nach dem Trocknen in kochendes Wasser, um ihn geschmeidig zu machen, und stanzt ihn anschließend zu Flaschenkork oder verarbeitet ihn zu Isoliermaterial. Auch braucht man ihn wegen seiner Schwimmfähigkeit beim Anfertigen von Rettungsringen und Schwimmwesten. Kork ist leicht, hoch elastisch und kaum luftdurchlässig – drei Eigenschaften, die in dieser Kombination kaum durch anderes Material zu ersetzen sind.

Bester Feuerschutz

Doch was nützt die Korkschicht den Pflanzen? Dicke Rinden schützen ausgezeichnet vor Feuer, welche gerade in mediterranen Regionen aufgrund der extremen Sommerdürren häufig auftreten. Auch Knospen und Seitensprossen sind durch die Rinden geschützt und können nach einem Brand schnell aussprießen.

Wertvolles Holz

Im Mittelmeerhaus gedeihen zwei weitere Eichenarten, die ihre Anpassung an das mediterrane Klima mit feucht-kühlen Wintern und trocken-heißen Sommern zeigen: die Stein-Eiche (*Quercus ilex*) und die Kermes-Eiche (*Quercus coccifera*). Beiden gemeinsam sind ihre immergrünen, kleinen und lederartigen Blätter. Mit diesen können sie das ganze Jahr über Photosynthese betreiben, solange nicht der Wassermangel die Energiegewinnung einschränkt.

Die bis zu 25 Meter hohe Stein-Eiche war die prägende Hauptbaumart des westlichen Mittelmeergebietes. Doch die Stein-Eichen-Wälder wurden im Verlaufe der vergangenen Jahrhunderte vielerorts abgeholzt. Schon die Römer nutzten das wertvolle und dank seiner natürlichen Konservierungsstoffen überaus beständige Holz der Stein-Eichen für den Schiffsbau und für Befestigungsanlagen. Die noch verbliebenen Waldbestände wurden für die Köhlerei abgeholzt, beweidet oder durch Brände zerstört. Heute ist die Stein-Eiche ein wichtiger Bestandteil der Macchie, der Strauchvegetation im Mittelmeer. Ihre häufig kleinflächigen natürlichen Bestände sind meist geschützt.

Die Kermes-Eiche ist ein bis zwölf Meter hoher Baum, welcher an sonnigen und trockenen Lagen im gesamten Mittelmeerraum anzutreffen ist. Die Gerbstoffe seiner Rinde werden sehr geschätzt und der Baum stellt die Wirtspflanze der Kermesschildlaus dar, aus der früher der Kermesfarbstoff gewonnen wurde.

Schweinefutter

Nicht nur Trink-, sondern auch andere kulinarische Freuden haben wir den Eichen zu verdanken. Ihre Früchte, die Eicheln, liefern ein nährstoffreiches Futter und ihre Verwendung zur Wildfütterung und zur Schweinemast ist besonders in Südfrankreich noch immer geläufig. So soll der berühmte Schinken von Bayonne seinen Geschmack der Mast mit Eicheln der Kork-Eiche verdanken. Im Mittelalter gehörte die Schweinemast auch in unseren Regionen zum Alltag. Dabei führte der Schweinehirt seine Tiere zur Eichelmast durch Wald und Feld. Nach 1760, mit der Einführung der Kartoffel aus Amerika, wurde die Eichelmast kaum mehr praktiziert.

Mutter aller Korkzapfen: Auch aus dieser Frucht kann eines Tages eine stattliche Kork-Eiche entstehen.

Doch nicht immer warf der Mensch die Eichenfrüchte vor die Säue, er aß sie auch selber. So erinnert sich Telemach, Sohn des Odysseus, bei den schmutzigen Bergbewohnern des Peloponnes, diesen «Eichelfressern», gewohnt zu haben. In Notzeiten hat der Mensch immer wieder auf die Eicheln zurückgegriffen. Mit ihnen wurden Produkte hergestellt, die als Kaffee- und Mehlersatz dienten. In Spanien werden seit alters her süße, bitterstoffarme Früchte der Stein-Eiche als Beilage zu Fleisch serviert.

Auch die Eicheln der stattlichen Stiel-Eiche im Zaubernuss-Wäldchen werden verspiesen – doch vor allem von Eichhörnchen und Vögeln.

Hochkarätiges

Gold, dieses seit Menschengedenken begehrte Edelmetall, wurde früher mit Hilfe von Pflanzensamen gewogen. Welches Gewächs produziert so zuverlässige Samen, dass es mit einer solch wichtigen Aufgabe betraut werden konnte? Ein aromatischer Schnaps, mit einem zünftigen Alkoholgehalt, doch woraus brennt man dieses schmackhafte Getränk? Erdbeeren, die am Baum wachsen, doch wieso sind sie nicht genießbar? Die Antworten geben drei hochkarätige Pflanzen aus dem Mittelmeergebiet, die im Mittelmeerhaus wachsen.

Der Legende nach hat sich Johannes der Täufer, als er in der Wüste lebte, von den süßen Früchten des Johannisbrotbaums (*Ceratonia siliqua*) ernährt. Die langen, braunschwarzen Hülsen sind essbar und wachsen, wie auch die Blüten, direkt am Stamm oder an den Zweigen. Diese Stammblütigkeit kommt bei europäischen Pflanzen selten vor, ist jedoch in den Tropen weit verbreitet. Der Johannisbrotbaum gehört zur Familie der Schmetterlingsblütler (*Fabaceae*).

Karat

Die Früchte des bis zu 10 Meter hohen Johannisbrotbaums enthalten meist 12 Samen. Diese dienten früher wegen ihres annähernd konstanten Gewichts als Maßeinheit zum Abwägen von Gold und Edelsteinen. So wurden sie zum Vorbild für das arabische Karat (von «Kirat»: Kern), das einst eine Gewichtseinheit von 0,2 Gramm darstellte und heute als Bezeichnung für den Reinheitsgrad von Gold gebraucht wird.

Die Mittelmeerregion ist eine seit langer Zeit dicht besiedelte und vom Menschen stark veränderte Kulturlandschaft. Der Johannisbrotbaum ist für ihre Vegetation ein in mancher Hinsicht typischer Vertreter. Er verdankt seine weite Verbreitung – wie viele andere Pflanzenarten – der menschlichen Tätigkeit: Ursprünglich nur im östlichen Mittelmeer beheimatet, wurde er bereits im Altertum nach Südeuropa und Nordafrika gebracht und dort angebaut. Seine «hochkarätigen» Früchte dienten in erster Linie als Viehfutter, wurden aber in Notzeiten auch als Nahrung für die Bevölkerung gebraucht. Auch Fledermäuse schätzen die süßen Früchte, essen sie und verbreiten so die unverdauten Samen.

Immergrün und hart belaubt

An die klimatischen Bedingungen im Mittelmeerraum ist der Johannisbrotbaum bestens angepasst: Milde Wintertemperaturen machen den herbstlichen Laubfall unnötig, immergrün ist angesagt. Die harten, zähen Blätter welken bei Wasserknappheit nicht sofort. Zudem schützt ein wachsartiger Überzug die Pflanze an heißen Sommertagen vor zu großer Wasserverdunstung.

Einzigartige Myrte

Im Mittelmeerhaus sind zahlreiche weitere Gehölze zu finden, welche die gleiche Anpassung an das Mittelmeerklima haben und in der Macchie gedeihen. Zum Beispiel die Myrte (*Myrtus communis*), ein immergrüner, bis drei Meter hoher Strauch. Seine kleinen, spitz zulaufenden, ledrigen Blätter sind dank ätherischen Ölen äußerst wohlriechend. Aus den weißen, sternförmigen Blüten entwickeln sich erbsengroße, violett-schwarze Beerenfrüchte, die essbar sind. Die Blätter und die Früchte werden in der Küche zum Aromatisieren von Fleischgerichten mitgekocht, und aus ihnen lassen sich hochkarätige Kräuterliköre und Schnäpse herstellen.

In der Mythologie hat die Myrte bei verschiedenen Völkern seit jeher eine große Rolle gespielt. So soll bereits Adam bei der Vertreibung aus dem Paradies einen Myrtenzweig zur Erinnerung mitgenommen haben. In der Antike galt die Myrte als

Von den lockenden Früchten des Erdbeerbaums soll man nur eine essen!

Symbol der Schönheit, der Jugend und der Jungfräulichkeit. Auf Hochzeiten wurde deshalb ein Myrtenkranz getragen.

Die Myrte ist der einzige europäische Vertreter aus der Familie der Myrtengewächse (*Myrtaceae*), die rund 4600 Arten umfasst und vor allem in Australien und im tropischen Amerika beheimatet ist.

Einmaliger Erdbeerbaum

Der Erdbeerbaum (*Arbutus unedo*) stammt ebenfalls aus dem Mittelmeergebiet, wo er auf kalkarmen, etwas felsigen Böden in Macchien und immergrünen Wäldern häufig gedeiht. Er ist zudem auch im Südwesten Irlands beheimatet, wo er dank dem milden Golfstrom als Eiszeitrelikt überleben konnte. Mit seinen glockenförmigen, in hängenden Büscheln angeordneten Blüten gehört er zur Familie der Heidekrautgewächse (*Ericaceae*). Der immergrüne Strauch oder niedrige Baum hat glänzende, ledrige Blätter und liefert ein wertvolles Brennholz. Bei den Römern dienten die Zweige als Zaubermittel. Dreimal wurden mit ihnen die Pfosten und Schwellen der Türen berührt, um vampirähnliche Geschöpfe, die des Nachts den Kindern in der Wiege das Herzblut aussaugen sollten, den Eingang zu verwehren. Charakteristisch sind seine Früchte: Nach einer Reifezeit von rund einem Jahr leuchten sie wie schmackhafte, dunkelrote Erdbeeren und hängen verführerisch am Baum. Doch der lateinische Artname deutet es an: «*unedo*» heißt «esse nur eine». Da sie stark gerbstoffhaltig sind, sollte dieser Befehl ernst genommen werden. Wer mehrere rohe Beeren isst, geht das Risiko ein, von starken Bauchschmerzen geplagt zu werden. Die mehrsamigen Beeren sind zwar essbar, aber doch eher fade und sauer. Somit können sie geschmacklich keineswegs mit den Erdbeeren mithalten. Selbst Johannes der Täufer hätte da wohl die Nase gerümpft.

Berge, Frost – und Palmen!

Palmen gedeihen nicht nur im Tiefland der Tropen, sondern ebenso in Bergwäldern, Gebirgen und auf Hochebenen. In den Anden Südamerikas sind sie bis auf 4000 Meter Höhe anzutreffen. Gewisse Arten ertragen sogar kurzzeitigen Frost und Schneebedeckung.

Zur Familie der Palmen (*Arecaceae*) gehören über 2000 Arten. Sie wachsen vorzugsweise in tropisch warmen Regionen, in denen kein Wassermangel herrscht. Keineswegs sind sie aber auf den «klassischen» Palmenstrand fixiert, sondern sie kommen in unterschiedlichen Vegetationstypen von Küsten bis in große Höhen vor. Bei den Bergpalmen (*Chamaedorea* sp.) verrät bereits der Name einiges über ihren Lebensraum.

Palmen im Bergwald

Bergpalmen sind in den Regenwäldern der zentralamerikanischen Bergregionen beheimatet. Das bedeutet, dass sie von einigen hundert Metern über Meer bis auf Höhen gegen 3000 Meter zu finden sind.

Die Hanfpalme ist nicht nur winterhart, sondern hat auch prächtige Blätter.

Die kleinen, dünnstämmigen Palmen bilden zusammen mit anderen Pflanzen den Unterwuchs der immergrünen Bergregenwälder.

Das Klima in diesen Wäldern wird zwar mit steigender Höhe etwas kühler, ist aber wie im tropischen Flachland ganzjährig feucht und niederschlagsreich. Bergpalmen sind also durch und durch Tropenbewohner. Sie können bei uns nicht im Freien kultiviert werden, gehören aber zu den absoluten Rennern unter den Zimmer- und Büropalmen.

Ebenfalls in den Bergregenwäldern zu Hause ist eine Palmenart einer anderen Gruppe, die den Höhenrekord unter den Palmen innehat: Die Wachspalme (*Ceroxylon utile)* ist in den Anden verbreitet und kommt vereinzelt bis auf 4000 Meter vor.

Palmen sind in sehr trockenen, aber auch in sehr kalten Regionen selten anzutreffen, was aber nicht heißt, dass sie nur feuchtheißes Tropenklima vertragen.

Schneefest und frosthart

Die Zwergpalme (*Chamaerops humilis*) ist eine außerhalb der Tropen beheimatete Art. Sie bildet im Mittelmeerraum die nördliche Verbreitungsgrenze der Palmen. Mit Vorliebe wächst sie an den wärmsten Orten in Küstennähe oder an sonnigen Südhängen. Das Mittelmeerklima mit längeren Trockenperioden im Sommer scheint ihr nichts auszumachen.

Im Tessin ist die Zwergpalme, ursprünglich in Gärten angepflanzt, mancherorts verwildert und hat sich sozusagen als Teil der einheimischen Flora etabliert. Ohne gärtnerische Pflege übersteht sie Wechselbäder von Wasserversorgung und Temperatur, inklusive kurzer Frostperioden und Schneebedeckung. Dasselbe gilt für die Chinesische Hanfpalme (*Trachycarpus fortunei*), eine der Zwergpalme recht ähnliche Art mit fächerförmigen Blättern und einem meist glatten Blattstiel. Sie kann über 10 Meter hoch werden und stammt aus den kalten Gebirgsregionen Chinas. Zweifellos haben sich diese beiden Palmenarten an die relativ milden Tessiner Winter angepasst, doch strenge Schneewinter setzen ihrem Ausbreitungsdrang jeweils wieder Schranken. An der Frostresistenz sollte es nicht liegen. Denn da gehört die Chinesische Hanfpalme eindeutig zur Spitzenklasse: Es wird berichtet, dass sie bei Temperaturen von –25 °C überleben kann. Außerdem hat sie die Fähigkeit, sich von Frostschäden an den Blättern recht gut zu erholen.

Palmen für den hohen Norden?

Eifrige Palmengärtner im südlichen Teil Skandinaviens haben schon lange erkannt, dass es zähe Palmen gibt. Sie suchen die frostresistentesten Arten und Varietäten aus, um sie in Gärten und Parks zu pflanzen und diesen damit ein mediterranes Flair zu verleihen. Allerdings brauchen die Palmen im langen nordischen Winter etwas Pflege. Zumindest der Boden muss bedeckt werden, auch die Blätter werden am besten zusammengebunden und warm eingepackt. Findige Köpfe haben außerdem eine besondere Heizmethode ersonnen: Lichterketten, wie sie als Weihnachtsbeleuchtung gebräuchlich sind, werden um die Palme geschlungen und samt den Blättern mit Stoff eingepackt. Nun muss nur noch darauf geachtet werden, dass es der Palme nicht zu heiß wird und der Stoff nicht abbrennt. Als Alternative zu den zweckentfremdeten Lichterketten böte sich vielleicht die Überwinterung in der Sauna an, was den Palmen die Eroberung Finnlands ermöglichen würde.

Palmen drinnen und draußen

Mehrere Bergpalmenarten können im Farnhaus besichtigt werden. Man erkennt sie an ihrem niedrigen Wuchs und den schlanken Stämmen, die kaum dicker als einige Zentimeter sind und manchmal buschige Horste bilden. Ihre Blattformen sind vielfältig, von fein gefiedert (*Chamaedorea graminifolia*) bis praktisch ungeteilt (*Chamaedorea metallica*). Zwergpalmen gedeihen im Mittelmeerhaus, während die Chinesischen Hanfpalmen ganzjährig im Waldgarten wachsen.

Die Sonne, die im Westen aufging

Für Kinder ist es einerlei: Der Unterschied zwischen Sonne und Sonnenblume besteht einzig darin, dass man bei Letzterer noch einen Stängel mit Blättern hinzeichnen muss. Der deutsche Name dieser beliebten Sommerblume zeigt aber, dass der Vergleich nicht nur Kindern leicht fällt.

«Sonnenblume» ist zwar bei weitem die häufigste, jedoch lange nicht die einzige Bezeichnung, die der goldgelben Blume gegeben wurde. Der Anblick der Blüte erinnerte die Menschen offenbar auch an den Mond, an Teller und an Augen (und zwar sowohl an Ochsen-, wie auch an Gottesaugen). Ein Autor erfrecht sich gar, den Namen Kuidrackrus (Kuhdrecksrose) auf die Ähnlichkeit des Blütentellers mit einem Kuhfladen zurückzuführen. Jedenfalls zeugt die Namensvielfalt von der allgemeinen Beliebtheit dieser Blume.

Vom Aufgang im Westen

Die Sonnenblumen (*Helianthus* sp.) kennt man bei uns erst seit dem 16. Jahrhundert. Bereits 1586 schrieb aber Matthiolus-Camerarius in sein Kreutterbuch: «Vor etlichen Jahren hat man dieses Gewächs auss America und Peru, da es von jm selber wechset, zu uns gebracht und ist nun überall in unseren Gärten und für den Fenstern bey uns also gemeyn geworden, dass es fast keiner sonderlichen Beschreibung bedarff.»

Über den Herkunftsort war er jedoch nicht ganz richtig informiert. Die Einjährige Sonnenblume (*Helianthus annuus*) ist in mehreren Unterarten über ganz Nordamerika verbreitet. Die Indianer hatten sie schon lange kultiviert, bevor der erste Europäer eine davon zu Gesicht bekam. Sie verwendeten nicht nur die Samen, die sie roh assen oder zu Mehl verarbeiteten, sondern gewannen außerdem aus den Zungenblüten einen gelben und aus den Röhrenblüten einen purpurnen Farbstoff.

Die Spanier waren von der botanischen Schönheit so angetan, dass sie die kleinen Sonnen über den Atlantik nach Europa schifften, wo sie als Zierpflanzen in Windeseile den ganzen Kontinent bis nach Russland hinein eroberten. Schon seit über 400 Jahren sprießt also in unseren Gärten allsommerlich aus den schwarzweiß gestreiften Samen die hohe Staude mit den herzförmigen Blättern, welche die Blüte erst weit über unseren Köpfen öffnet. Neben ihrem ornamentalen Nutzen dient die Pflanze als Bienenweide oder ihre Samen im Winter als Vogelfutter.

Die Russen wussten noch mehr mit den kleinen Sonnen anzufangen. Das Klima in den südlichen Gebieten Russlands entspricht den Sonnenblumen sehr: Es ist warm, sehr sonnig und etwas trocken. Anders als bei uns gelangen die Samen in den südrussischen Ebenen zu voller Reife. Nachdem man entdeckt hatte, dass sich daraus ein wertvolles Öl pressen lässt, begann man, die Sonnenblumen felderweise anzubauen. Im Osten wie auch im Mittelmeergebiet sind geröstete Sonnenblumenkerne zudem eine beliebte Knabberei.

Im Zenit

Die Sonnenblume ist heute nach der Sojapflanze und der Ölpalme eine der wichtigsten Speiseölpflanzen und die wichtigste Salatölpflanze überhaupt. Ein großer Teil des Öls wird unter beachtlichem Energieaufwand zu Margarine oder auch zu Seife weiterverarbeitet. Nach Russland entstanden auch in Bulgarien, Ungarn, Rumänien, den USA und Argentinien wichtige Anbaugebiete, aber ein großer Teil der heutigen Sorten ist ursprünglich in Russland gezüchtet worden.

Bei uns hat die Sonnenblume nie eine derart wichtige Bedeutung erlangt. Des ungünstigen Klimas wegen ist sie hier sehr anfällig auf Grauschimmel. Trotzdem wird sie gelegentlich in die Fruchtfolge eingebaut, da sie schnell wächst und den Acker ideal auf die nächste Aussaat vorbereitet. Die langen und starken Wurzeln lockern und löchern den Boden und die oberirdischen Teile können dann gleich noch als Gründüngung in den Grund gepflügt werden.

Die junge Pflanze kann auch frisch oder siliert verfüttert werden. Aber das liebe Vieh – und das will ihm wohl keiner verübeln, dem je eine Sonnenblume zwischen die Finger geraten ist – verschmäht das haarige Kraut und frisst lieber die Presskuchen der Ölindustrie. Diese werden als Viehfutter sehr geschätzt, da die Sonnenblumenkerne neben Fett auch ziemlich viel Eiweiß enthalten.

Zu viel Sonne

Die nächste Verwandte der Sonnenblume, noch höher gewachsen, aber mit demselben sonnigen Strahlen, stammt ebenfalls aus Nordamerika und verdankt ihren Namen einem Irrtum. Sie wurde von den Franzosen eingeführt und erreichte Paris, als dort gerade einige südamerikanische Indianer zur Schau gestellt wurden. Mit diesen Indianern, Angehörigen des Stammes der Topinambas, wurde die neuartige Pflanze fälschlicherweise in Verbindung gebracht.

Der Topinambur (*Helianthus tuberosus*) wird wohl von niemandem so schnell wieder vergessen, in dessen Garten er einmal richtig Fuß gefasst hat. Unter günstigen Bedingungen vermehren sich die rötlich oder weiß geschuppten Knollen unterirdisch so rasant, dass die Pflanze rasch zur Plage wird und auch mit dem größten Appetit nicht kleinzukriegen ist.

Die Einjährige Sonnenblume – eine leuchtende Sonne aus Nordamerika

Insgesamt umfasst die Gattung *Helianthus* rund 50 verschiedene Arten, die alle in Nordamerika beheimatet sind.

Vom Untergang im Osten

Nachdem der Osten jahrzehntelang mit großem Abstand die Liste der Sonnenblumensamen-Produzenten angeführt hat, scheint sich in letzter Zeit eine Verschiebung des Gewichts in Richtung USA und Argentinien bemerkbar zu machen. Geht da eine Sonne unter?

Neben den prächtigen Sonnenblumen im Bauerngarten gibt es an anderen Stellen noch weitere, kleinere, aber nicht weniger feine Sonnen zu entdecken: Sonnenhut, Sonnenröschen und Sonnentau haben ihre Namen genauso verdient.

Explodierende Storchenschnäbel

Sie werden zu Tausenden in Balkonkistchen gesetzt und keine Zierpflanze ist in Bern so populär wie das sattrote Geranium, für welches hier selbst ein spezieller Markt veranstaltet wird. Die heimeligste aller Berner Blumen stammt aus Südafrika.

In Südafrika wachsen die Stauden und Kleinsträucher der botanisch korrekt *Pelargonium* genannten Gattung in schattigen Schluchten, an sonnigen Hängen und in Halbwüsten zwischen Dornsträuchern. Sie sind an ein subtropisches oder mediterranes Klima angepasst und vertragen meist keinen Frost. Deshalb müssen die Geranien bei uns im Herbst vom Balkon in den Keller verschwinden, sie würden den Winter nicht überstehen.

Balkoneroberer aus dem Süden

Die Vielfalt der Blüten- und Blattformen ist unüberschaubar, denn es gibt mehr als 250 verschiedene Pelargonien-Arten, von den Züchtungen ganz zu schweigen. Nur einige der Wildarten haben es geschafft, uns zu gefallen. Eine Sammlung verschiedener Pelargonien aus dem Süden Afrikas ist im Südafrika-Teil vor dem Farnhaus zu finden.

Das Kapuzen-Pelargonium vom Tafelberg ist eine Urahnin unserer Balkongeranien.

Die meisten unserer Geranien (*Pelargonium x domesticum*) sind Kreuzungen zwischen dem Kapuzen-Pelargonium (*Pelargonium cucullatum*) aus dem südlichen Kapland und dem Aufrechten Pelargonium (*Pelargonium zonale*), welches etwas weiter östlich in den Gebirgen gedeiht und durch seine schön gezeichneten Blätter beeindruckt.

Die Balkongeranien, welche so unbestritten zu den Berner Gassen oder den Emmentaler Bauernhäusern gehören, haben eigentlich eine eher junge Tradition. Die ersten Pelargonien trafen zwar wohl um 1600 in Europa ein, ihren wirklichen Durchbruch als Zierpflanzen starteten sie aber erst so richtig im 19. Jahrhundert. Dies war die Zeit, als besonders viele Kreuzungen entstanden sind. Ihre Beliebtheit als Balkonpflanzen verdanken sie jedoch vor allem ihren aromatischen Blätter.

Umstrittene Düfte

Die Eroberung unserer Balkone durch die südafrikanischen Geranien ist primär der insektenvertreibenden Wirkung zu verdanken. An heißen Sommertagen, wenn die Fenster weit geöffnet sind, schrecken die Blattgerüche die Fliegen vor dem Eindringen in die Wohnung ab. Besonders bei Bauernhäusern wird seit jeher gerne Schönheit mit Zweckmäßigkeit verbunden und weil die Pelargonien auch recht anspruchslos sind, erlangten sie sehr schnell die Gunst der ländlichen Bevölkerung. In vornehmen Kreisen, wo eher das Edle schlechthin gefeiert wurde, fanden verschiedene Duftgeranien schon viel früher als bei uns Einzug in das Blumensortiment. Besonders das rosenduftende *Pelargonium graveolens* war im viktorianischen England eine der beliebtesten Modepflanzen. Aus den Blättern gewonnene Essenzen kamen sogar als Geraniumöl in den Handel, um das teurere Rosenöl zu ersetzen. Die Duftgeranien finden wir ebenfalls im Südafrika-Teil vor dem mittleren Schauhaus und sie laden ein, durch eine leichte Berührung der Blätter die verschiedenen Düfte zu testen. Doch was ist duftend, was stinkend? Für die einen mag das *Pelargonium umbellatum* noch angenehm sein, für die anderen stinkt es bereits unerträglich. Eine Überraschung für alle ist aber mit Sicherheit das pelzige *Pelargonium tomentosum* – probieren Sie es aus.

Hervorragende Gartenpflanze

Es kommt nicht von ungefähr, dass die südafrikanischen Pelargonien bei uns zu Geranien wurden. Tatsächlich sind die Pflanzen mit unseren einheimischen Storchenschnäbeln (*Geranium*) verwandt. Sie gehören beide zur Familie der Storchenschnabelgewächse (*Geraniaceae*) und haben auffällige, schnabelförmige Früchte. Die häufigste Gartenform dieser «echten» Geranien ist der Prächtige Storchenschnabel (*Geranium x magnificum*). Diese hervorragende Gartenpflanze bildet große Trupps und breitet sich durch unterirdische Ausläufer aus. Ein Nachteil ist ihre kurze Blütezeit im Juni.

Samenschleuderer

Im Alpinum finden wir noch eine Reihe weiterer Arten dieser faszinierenden Gattung. Auf der Suche nach der größten aller wilden Storchenschnabel-Blüten stoßen wir auf das im Asien-Teil des Alpinums wachsende *Geranium himalayense*, welches zusammen mit dem geheimnisvollen Blauen Scheinmohn (*Meconopsis betonicifolia*) zu einer Gruppe spektakulärer Himalaya-Blumen gehört. Viele der schönsten wilden Geranien wachsen mit Vorliebe im Schatten von Bäumen und Sträuchern. Dies ist auch beim einheimischen, im Unterwallis und Tessin vorkommenden Knotigen Storchenschnabel (*Geranium nodosum*) zu beobachten, der unter der Waldföhre im Wallis-Teil des Gartens gedeiht.

Wie alle andern Geranien besitzt er jedoch einen Mechanismus, der es ihm erlaubt, die reifen Samen aus eigener Kraft von sich zu schleudern. Die Storchenschnabel-ähnlichen Früchte platzen auf, wenn sie austrocknen. Die Samenkapseln rollen sich auf und geben mit großer Geschwindigkeit den Samen frei. Wenn es wieder heiß und trocken wird, beginnt das die Zeit der explodierenden Storchenschnäbel – seien Sie also vorsichtig!

Internationales Schützenfest

Die ersten Schüsse fallen jeweils kurz nach Sommerbeginn, doch es liegt wohl am fehlenden Lärm, dass die Schützen und Schützinnen aus zahlreichen Nationen kaum je Beachtung finden. Nun soll zum ersten Mal das leiseste Schützenfest der Welt einem breiten Publikum geöffnet werden.

Wenn die Hauptstadt in der Sommerhitze flimmert, zieht es viele Leute in das saftige Grün. Jetzt herrscht im Botanischen Garten Hochbetrieb und er dient als Bühne für allerhand kulturelle und gesellschaftliche Anlässe – einzig ein nationales Schützenfest wird hier wohl nicht so schnell durchgeführt werden. Und dennoch ist Vorsicht geobten: Im Botanischen Garten wird Ende Sommer scharf geschossen ...

Von explodierenden Silberhülsen ...

Im Frühling haben sie uns mit ihren königlichen Blütenständen erfreut, doch die heißen Sommertage bekommen ihnen gar nicht und bald ist die Blütenpracht dahingedorrt. Die Rede ist von den Lupinen (*Lupinus polyphyllus*), die im Bauerngarten eine besondere Attraktion darstellen. Wenn die Tage so richtig heiß werden, erlangen die silbrig-pelzigen Hülsen der Lupinen ihre letzte Reifung. Wer jetzt das Farbenspiel im Bauerngarten genießt, der sollte vor unerwarteten Erbsengeschossen auf der Hut sein, denn die so harmlos anmutenden Schmetterlingsblütler können ihre Samen mit einer überraschenden Wucht durch die Gegend schleudern. Man kennt die Lupine wohl als Gartenpflanze ohne große Ansprüche, und ihre dekorativen Blätter sind schon Grund genug, dass sich diese alte Bekannte auch heute immer wieder großer Beliebtheit erfreut. Kaum jemand würde hinter der schon fast etwas brav anmutenden Pflanze eine Schützin vermuten, die ihre Kinder mit einer ungeheuren Wucht durch die Gegend schleudert und dabei schon fast rekordverdächtige Distanzen. Immerhin tummelt sie sich mit einer Schleuderdistanz von bis zu acht Metern in den Spitzenplätzen beim Weitwurf bei Pflanzen. Obwohl die Gartenlupine an einigen Stellen in der Schweiz verwildert ist, stellt sie kein Element der Schweizer Flora dar. Vielmehr stammt sie aus Nordamerika, wo es zahlreiche verschiedene Lupinenarten gibt.

... und asiatischen Invasionen

«Rühr-mich-nicht-an!» lautet der zweite deutsche Name des Springkrauts. Und ihn sollten sich die Besuchenden des Botanischen Gartens durchaus zu Herzen nehmen. Richtig gefährlich können uns die Schüsse zwar nicht werden; vielmehr könnten uns die schon bei feinster Berührung explodierenden Kapseln einen gehörigen Schreck einjagen. Bei dieser «Explosion» werden zahlreiche Samenkörner mit einer großen Wucht durch die Gegend geschleudert. Die weltweit rund 850 Springkräuter gehören alle zur Familie der Balsaminengewächse (*Balsaminaceae*). Die meisten sind in der tropischen Zone der Alten Welt heimisch, wo sie oft im Unterwuchs von Wäldern vorkommen. Mit ihren zarten Schattenblättern und den großen, bunten Blüten sind sie dem Leben im feuchten, windstillen Urwald bestens angepasst. Einige Arten sind bei uns in die Negativschlagzeilen geraten, da sie sich massiv ausbreiten können und die einheimische Flora bedrängen. Wenn sich das Drüsige Springkraut (*Impatiens glandulifera*), welches ursprünglich aus einem Hochtal im Himalayagebiet stammt, erst einmal ausbreitet, dann ist guter Rat teuer. Als ausgesprochene Weitschützin – die Samen können mehrere Meter durch die Luft geschleudert werden – kann diese Pflanze innert Kürze riesige Flächen besiedeln. Da die große und anmutige Pflanze sehr schnell und üppig wächst, setzt sie sich im Konkurrenzkampf mit anderen Mitstreiterinnen sehr

Noch wird geblüht, aber bald schon geschossen: Die Blüten der Spritzgurke erinnern an jene von Kürbissen oder Zucchetti.

schnell durch, so dass man sich in kurzer Zeit vor einer «Springkrauteinöde» befindet. Da sie in der mitteleuropäischen Welt auch fast keine natürlichen Feinde hat, kann sie sich bei uns ungehindert ausbreiten und viele einheimische Pflanzen verdrängen. Im Botanischen Garten haben wir die Schützin dank der vielen fleißigen Hände des Gartenpersonals unter Kontrolle, sonst hier würde sie sich auch hier sehr rasch ausbreiten. Außer dem Drüsigen Springkraut können im Asien-Teil noch einige weitere Springkraut-Arten begutachtet werden, zum Beispiel Balfours Springkraut (*Impatiens balfourii*) im kühlenden Schatten des Palmenhauses.

Ewige Gewinnerin

Die unbestrittene Meisterschützin steht wie jedes Jahr schon vor dem Auftakt zu diesem «internationalen Schützenfest» fest. Immer wieder ist es die Spritzgurke (*Ecballium elaterium*), die den Lorbeerkranz davonträgt. Ihre Früchte schleudern einen Saft, der die Samen enthält, bis zu 13 Meter durch die Luft. Wild findet man die Pflanze überall rund ums Mittelmeer, wo sie gerne in Ödländern und in Strandnähe gedeiht. Bei uns ist es ihr zu kalt; ein besonders schönes Exemplar ist im Mittelmeerhaus zu sehen. Zwischen den üppigen, grünen Blättern können wir immer wieder auch die goldgelben Blüten antreffen, welche uns mit ihrer typischen Form gleich verraten, dass es sich bei der Spritzgurke um ein Kürbisgewächs (*Cucurbitaceae*) handelt.

Wenn Sie eine gelblich gefärbte Gurke erblicken, rühren Sie diese nicht an! Die Samen werden mit einer solchen Wucht geschleudert, dass sie ganz schön ins Auge gehen können. Und auf dem Sonntagskleid macht sich der etwas schleimige Saft auch nicht wirklich gut. Sollten Sie dennoch Opfer eines Spritzgurken-Attentats geworden sein, ist der Gang in die herrlich kühlende Aare vom Mittelmeerhaus zum Glück nicht allzu weit.

Liebesgeschichten

Kennen Sie die Geschichte der unglücklichen Liebe von Pyramus und Thisbe? Der stattliche Schwarze Maulbeerbaum, der im Zaubernuss-Wäldchen steht und Ende Sommer Früchte trägt, ist vom Blute dieser Liebe befleckt.

Maulbeerbäume gehören zur Familie der hauptsächlich tropisch und subtropisch verbreiteten Maulbeergewächse (*Moraceae*). In der Schweiz werden der Weiße und der Schwarze Maulbeerbaum (*Morus alba* und *Morus nigra*) kultiviert. Die beiden Arten unterscheiden sich dadurch, dass der Weiße Maulbeerbaum oberseits glatte Blätter und gestielte weißliche Früchte hat, während sich das Blatt des Schwarzen Maulbeerbaumes oberseits rau anfühlt und die rötlichen bis schwarzen Früchte mehr oder weniger ungestielt sind. Manche Autoren gehen davon aus, dass der Schwarze nur eine Varietät des Weißen Maulbeerbaumes ist.

Warum der Maulbeerbaum schwarze Früchte trägt

Pyramus, der schönste aller Jünglinge, und Thisbe, die bezauberndste aller jungen Frauen, wohnen Haus an Haus. Schon früh lernen sie sich kennen und verlieben sich ineinander. Sie möchten sich vermählen, aber ihre Väter sind dagegen. Die Wand, die beide Häuser trennt, hat einen kleinen Spalt, durch den die Liebenden miteinander sprechen. Eines Nachts beschließen die zwei, sich in der Frühe des Morgens unter dem sehr fruchtbaren, hoch emporragenden Maulbeerbaum vor den Stadttoren zu treffen. Kaum ist Thisbe am nächsten Morgen beim Maulbeerbaum, wird sie von einer Löwin überrascht. Thisbe eilt davon, lässt dabei ihren weißen Schleier fallen. Die Löwin zerfetzt mit ihrem blutverschmierten Maul diesen zarten Schleier und verschwindet wieder. Wenig später kommt Pyramus zum Maulbeerbaum, sieht den blutbefleckten Schleier und spricht: «Ich bin schuldig an Thisbes Tod. Mögen die Löwen auch mich fressen.» In seiner Verzweiflung sticht sich Pyramus sein Schwert in den Unterleib, zieht es wieder heraus und dreht sich auf den Rücken. Sein Blut spritzt hoch empor. Die Früchte des Maulbeerbaums, die bisher weiß waren, verfärben sich blutrot. Thisbe, die unterdessen zum Baum zurückgekehrt ist, sieht ihren sterbenden Geliebten. Auch sie ersticht sich mit dem Schwert. Mit ihren letzten Worten wünscht sie sich ein gemeinsames Grab mit Pyramus und dass der Maulbeerbaum im Andenken an den doppelten Tod von nun an dunkle, zur Trauer passende Früchte tragen soll. Thisbes Wünsche werden erhört: Pyramus und Thisbe ruhen zusammen in einem Grab und die Früchte des Maulbeerbaumes werden seither schwarz, sobald sie heranreifen.

Herkunft und Kultur des Maulbeerbaumes

Die Heimat des Maulbeerbaumes lässt sich heute nicht mehr eruieren. Da er schon seit Jahrtausenden kultiviert und in der ganzen Welt angepflanzt wird, kann man heute nur noch annehmen, dass der Baum ursprünglich in China beheimatet war. In Europa wird er seit dem 16. Jahrhundert in den Weinbaugebieten und in Klostergärten angepflanzt. Die Schwarze Maulbeere ist glänzend purpurschwarz und von angenehm säuerlich-süßem Geschmack. Die Früchte reifen im August bis September. Die dunkle Beere ist seit der Zeit der alten Griechen ein beliebtes Färbemittel für den Wein, in den Klöstern des Mittelalters wurde sogar aus den Maulbeeren selbst Wein hergestellt. Im Altertum wurden den Elefanten vor einer Schlacht die Rüssel mit Maulbeeren bestrichen, um sie kampfgieriger zu machen; man vermutete nämlich einen Zusammenhang zwischen Blut und dem Maulbeersaft.

Die Wurzelrinde des Schwarzen Maulbeerbaumes wird als Abführmittel verwendet, die Blätter sollen eine leicht antidiabetische Wirkung zeigen. Für die Griechen galt der Maulbeerbaum, der dem Gott Pan geheiligt war, als Symbol für die Klugheit, weil seine Blätter erst treiben, wenn kein Frost mehr droht.

Der Weiße Maulbeerbaum stammt aus Ostasien und wird dort seit 4600 Jahren für die Seidenraupenzucht kultiviert. Im südlichen Europa wird er seit dem 12. Jahrhundert als Futterpflanze zur Seidengewinnung angepflanzt. Als Seidenraupenfutter eignet sich der Schwarze Maulbeerbaum wegen der rauen Blätter nicht. Die Früchte beider Maulbeerarten werden durch Vögel verbreitet. Die nächsten Verwandten des Maulbeerbaumes in unserer Flora sind der Hopfen (*Humulus lupulus*) und der Hanf (*Cannabis sativa*).

Nicht nur der Maulbeerbaum birgt eine Liebesgeschichte in sich, im Botanischen Garten lassen sich noch andere Liebesgeschichten erfahren. Sie brauchen nur ganz still zu sein und den Geschichten der Pflanzen zu lauschen.

Die schwarzen Früchte des Maulbeerbaums erinnern an die Tragödie von Pyramus und Thisbe.

Die flimmernde Sommerhitze ist vorbei. Spätestens an einem Septembermorgen merken wir, dass der Wettergott mit der Wärme etwas geizt. Eine klare Frische macht sich breit und wir erwarten schon bald die ersten morgendlichen Nebelschwaden.

Die vielfältige Blütenpracht verblasst langsam, doch wird sie mit intensiven Herbstfarben ersetzt. Es sind vor allem rote, gelbe und schwarz glänzende Früchte, welche an vielen Sträuchern und Bäumen im Botanischen Garten reifen und eine Vielzahl von Vögeln anlocken. Sie ernähren sich von dem, was die Natur während des Sommers hervorgebracht hat. Die süßen Beeren und die nahrhaften Nüsse stehen auf ihrem Speisezettel. Die Natur feiert ihre üppige Ernte.

Zeitgleich mit den leuchtenden Früchten versuchen die Spätblüher unsere Aufmerksamkeit auf sich zu lenken: Pflanzen des mediterranen Raumes blühen erst jetzt und locken die letzten Insekten an.

Wir genießen die wärmenden Sonnenstrahlen an einem kühlen Herbsttag, saugen sie auf. Die Dämmerung setzt zwar am Abend früher ein, wir werden aber mit anderem entschädigt: die stahlblauen Farben des Himmels, das klare Sonnenlicht, das nach einem Regentag ein besonders scharfes Bild der Natur zeichnet.

Die ersten kalten Nächte läuten das große Finale ein: Die Blätter der Bäume verfärben sich zu einer bunten Vielfalt von gelben bis roten Farbtönen. Das feurige Farbenspektakel des Amberbaums ist besonders beeindruckend. Das hübsche Gelb des Papaus misst sich vergeblich mit dem satten Gold der Lärche. Sie ist der einzige einheimische Nadelbaum, der seine Nadeln fallen lässt. Der Urweltmammut-Baum, aus China stammend, macht es ihr gleich.

Föhren, Fichten und Tannen bleiben ihrem Dunkelgrün treu, der Ginkgo glüht goldig gelb auf, bevor er endgültig erlischt. Kalte Winde ziehen übers Land und blasen die Farbenpracht hinweg.

Königinnen

Nicht nur in der Aare schwimmen im Frühherbst nur noch wenige Mutige – auch im Botanischen Garten trotzen nur noch vereinzelte Schwimmerinnen den frühherbstlichen Wassertemperaturen. Zu einer Zeit, da die leuchtende Konkurrenz von den Teichrändern verschwunden ist und sich der stahlblaue Septemberhimmel auf der Wasseroberfläche spiegelt, sind die Seerosen schöner denn je anzuschauen.

Stechender ist es geworden, das Sonnenlicht. Ein paar letzte Falter gaukeln durch die Luft, Wespen tummeln sich munter an zuckersüßen Früchten, und auch der letzte Blütensegen, den uns die Korbblütler bereiten, mag nicht darüber hinwegtäuschen, dass der Herbst eingezogen ist. Wer sich im September ein Blütenmeer anschauen will, wird enttäuscht sein, doch wer eine äußerst interessante Pflanzenfamilie kennen lernen möchte, der kommt gerade richtig. Seerosen haben den Menschen schon immer in ihren Bann gezogen, und kaum eine andere Blume tritt häufiger in Malerei, Literatur und Architektur auf als die Seerose.

Einheimische «Krampfworzel»

Die uns wohl am besten bekannte Vertreterin dieser Familie ist die Weiße Seerose (*Nymphaea alba*), welche in vielen Zuchtformen auf nahezu allen Gartenteichen zu finden ist. Da sie nährstoffreiche Gewässer liebt, ist sie in den Mittellandseen

Die riesigen Blüten der Seerose von Santa Cruz blühen nur sehr kurz.

ein häufiger Anblick. Nichtsdestotrotz ist sie streng geschützt, denn ihre Schönheit könnte ihr nur zu schnell zum Verhängnis werden. Wie alle Seerosen wurzelt sie im Schlamm und im Herbst platziert sie in ihren kräftigen Speicherwurzeln eine große Menge an Stärke. Diese Wurzelknollen wurden in früheren Zeiten arzneilich genutzt, ja in Notzeiten gar zu Mehl gemahlen und dem Brotteig beigemischt. Nach einem alten Volksglauben soll der unter das Bett gelegte Wurzelstock auch vor Krämpfen schützen, und dies hat der Pflanze im Sankt-Gallischen den Namen «Krampfworzel» eingebracht.

Den Nymphen geweiht

In der Systematik ordnet man die Seerose einer eigenen Familie zu (*Nymphaceae*). Das griechische Wort «nymphaios» hat die Bedeutung «den Wassergeistern gewidmet». Will man einer alten griechischen Sage glauben, so ist die Blume aus einer von Eifersucht gegen Herkules in den Tod getriebenen Nymphe entstanden. Im deutschen Volksglauben war die Meinung verbreitet, dass sich die Wassergeister auf den Schwimmblättern der Seerosen schaukeln. Zweifelsohne lebt die Seerose in einer besonderen Welt: Auf ihren Stängeln setzen sich Kieselalgen und Urtierchen fest, Sumpfschnecken legen auf ihnen ihre Eier ab, und auf ihren Blättern und Blüten leben Insekten, Weichtiere und Frösche.

Der Königin geweiht

Seerosen sind fast auf der ganzen Welt verbreitet und viele besonders attraktive Arten findet man in den Tropen. Die eigentliche Seerosenattraktion des Botanischen Gartens ist im Palmenhaus zu bestaunen: Die Seerose von Santa Cruz (*Victoria cruziana*) ist ein wahres Naturwunder. Erst 1801 entdeckte ein deutscher Botaniker die «königliche Wasserlilie Amerikas». Dreißig Jahre später, gerade als die damals nur eben 18-jährige Queen Victoria den Thron bestieg, wurde der Pflanze der Gattungsname Victoria zugeteilt. Für die englischen Gärtner war es sodann eine besondere Herausforderung, die Pflanze in Europa nachzuziehen. Als dies nach großen Anfangsschwierigkeiten schließlich gelang, wurden in einem Rausch von britischem Patriotismus in vielen botanischen Gärten so genannte Victoriahäuser aufgestellt.

Schwimmende Igel

Allein die Blätter der Victoria vermögen zu beeindrucken. In der Natur können sie einen Durchmesser von bis zu zwei Metern erreichen und sollen gar dem Gewicht eines leichteren Menschen trotzen. Wie eine Nymphe muss sich fühlen, wer auf den riesigen Blättern sachte in den Schlaf geschaukelt wird …

Die Oberseite der Blätter ist meist glänzend grün, die Unterseite meist etwas rötlich und mit wehrhaften Stacheln versehen. Vor dem Aufrollen zeigt das Blatt diese stachelige Unterseite und man könnte es für einen schwimmenden, zusammengerollten Igel halten. Das Blatt hat einen aufgerichteten Rand, der bis zu 18 Zentimeter hoch sein kann; dies verhindert, dass die Oberseite, welche dicht mit Spaltöffnungen versehen ist, mit Wasser benetzt wird.

Wassermais

Blüht die Victoria erst einmal, kommt man aus dem Staunen kaum mehr heraus. Riesige, 25 bis 40 Zentimeter große, wohlriechende Blüten erscheinen an der Wasseroberfläche. Doch kurz ist der Zauber: Sie blühen nur zwei Nächte, öffnen sich bei Sonnenuntergang und schließen sich im Laufe des frühen Vormittags. Am Nachmittag öffnen sie sich dann ein zweites Mal, um am folgenden Morgen unter den Wasserspiegel zu sinken. Während des ganzen Blütenspektakels ändert sich die Farbe und gleitet von Schneeweiß über ein zartes Rosa zu einem dunklen Karminrot.

Die faustgroßen, stacheligen Früchte reifen unter Wasser. Sie enthalten erbsenähnliche Samen, welche in der nordargentinischen Heimat der Pflanze von den Indianern als «mais del agua» (Wassermais) geerntet und gegessen werden.

Von keuschen Mönchen und ausgeglichenen Frauen

Sicher kennen Sie den speziellen Duft, der sich nach der letzten großen sommerlichen Wärmeperiode breit macht. Der Herbst macht sich sowohl geruchlich wie auch farblich bemerkbar. Nicht mehr alle Farbtupfer im Garten sind Blumen. Aber noch ist das große Blühen nicht vorbei! Es scheint sogar, als habe sich die eine oder andere Pflanze bis in den Herbst zurückgehalten, um uns den Abschied vom Sommer mit ihrer Pracht ein wenig zu versüßen und uns milde zu stimmen für das, was da kommen mag.

Am Rande des Heilpflanzengartens steht ein kleiner Strauch in voller Blüte. Obwohl von seiner Größe her kaum zu übersehen, fällt er nicht sonderlich auf. In dichten, endständigen Blütenständen stehen kleine, blau-violette Blüten, die später zu ebenso kleinen, pfefferkornartigen Steinbeeren heranreifen werden. Das Einzige, was an diesem Strauch wirklich ins Auge springt, ist sein Name, wenn man aus einer besonderen Neugierde heraus das aufklärende Schildchen unter dem vollen Blattwerk hervor ans Tageslicht befördert hat: Mönchspfeffer (*Vitex agnus-castus*).

So bescheiden und unspektakulär sich die Pflanze nach außen gibt, so bemerkenswert ist ihr Blühen im Spätsommer. In ihrer Heimatgegend – im Mittelmeergebiet, auf der Krim und in Zentralasien – ist das Wasser in dieser Jahreszeit meistens bereits versiegt, selbst in den Bachbetten und an den Flussufern der Ebenen, wo der Mönchspfeffer gerne und häufig wächst.

Schon die Alten wussten, …

… dass in dieser Pflanze mehr steckt, als es nach außen den Anschein erweckt. Im Altertum und im Mittelalter schätzte man den Mönchspfeffer als Heilpflanze sehr. Er wurde innerlich als Mittel bei ungenügender Milchproduktion während der Stillzeit, bei Fruchtbarkeitsstörungen, bei Verdauungsbeschwerden, Wassersucht, Milz- und Leberbeschwerden und äußerlich bei Entzündungen und Verletzungen angewendet. Seine Frucht sei auch gut gegen den Biss wilder Tiere, hieß es damals. Und auf Wanderungen sei es ein gutes Vorbeugungsmittel gegen den Wolf, wenn man einen Zweig davon in der Hand trage.

Auch in der Küche spielten die Früchte dieser Pflanze früher eine wichtige Rolle: Sie dienten vor allem im Süden als Pfefferersatz, während die scharfen Blätter oft bei der Bierherstellung anstelle von Hopfen zugesetzt wurden.

… von den Mönchen ganz zu schweigen

Bei den Mönchen war die Pflanze ein besonders beliebtes «Kulturgut». Denn schon früh erkannte man, dass der Mönchspfeffer nicht nur medizinische und kulinarische Vorzüge , sondern auch eine «den Geschlechtstrieb dämpfende» Wirkung hatte. Unter Mönchen war es deshalb verbreitet, Mönchspfeffer-Tee zu trinken, um irdischen Gelüsten widerstehen und leichter «keusch» bleiben zu können.

Die Pflanze galt im alten Griechenland gar als das Symbol der Keuschheit. Bei Ritualen für die griechische Göttin Demeter wurden Betten mit den Blättern des Mönchspfeffers bestreut und Frauen, die ihre Keuschheit bewahrt hatten, schmückten sich mit seinen Blüten. In Italien werden die Wege zum Kloster für die Novizen sogar heute noch mit Mönchspfeffer-Blüten bestreut.

Auch der wissenschaftliche Name der Pflanze deutet auf ihre lusthemmende Wirkung hin. Sowohl das griechische Wort «hagno» als auch das lateinische Wort «castus» bedeuten keusch. Der botanische Gattungsname «Vitex» wird hingegen vom lateinischen Wort «viere» (flechten, binden) abgeleitet, da die biegsamen Zweige der Pflanze für Flechtarbeiten verwendet wurden.

Dass der Mönchspfeffer seinen deutschen Namen seiner Beliebtheit bei den Mönchen zu verdanken hat, ist unschwer zu erkennen. Ein zweiter deutscher Name – Keuschlamm – stammt von einer anderen Übersetzung des Wortes «agnus» (lateinisch: Lamm) her. Mit der Interpretation des Lammes als Sinnbild für Keuschheit und Unschuld fügt sich auch dieser Name nahtlos ins züchtige Gesamtbild der Pflanzen.

Eine rosige Zukunft

Der Mönchspfeffer ist, zumindest in der Schweiz, schon seit langem in Vergessenheit geraten. Pfeffer gibt es in Hülle und Fülle und die Nachfrage nach lusthemmenden Mitteln ist gering. Für all die andern Wehwehchen, bei denen der Mönchspfeffer Abhilfe schaffen konnte, scheint man andere, vielleicht bessere Mittel gefunden zu haben. Außer für eines! Gegen das prämenstruelle Syndrom schien bis vor kurzem kein Kraut oder zumindest kein synthetisches Arzneimittel gewachsen zu sein. Nun sind sich Pharmazeuten jedoch einig, mit dem Mönchspfeffer ein taugliches Mittel gegen Kopfschmerzen, Unterleibsbeschwerden, Spannungen in der Brust und Stimmungsschwankungen vor der Menstruation gefunden zu haben. Was die Mönche schon ahnten und am eigenen Leib erfuhren, ist heute erwiesen: Der Mönchspfeffer wirkt regulierend auf den menschlichen Hormonhaushalt und offenbar besonders auf jenen von leidenden Frauen. So steht er denn vor einer rosigen Zukunft als ernst zu nehmendes pflanzliches Heilmittel. Glaubt man den Wissenschaftern, die sich gar zu Workshops über das Potenzial des Mönchspfeffers zusammenfinden, so werden übel gelaunte Frauen bald der Vergangenheit angehören …

Nicht nur für Frauen: der Mönchspfeffer

Was genau diese Heilpflanze so erfolgreich macht, weiß man übrigens nicht. Der Mönchspfeffer stellt sich in die Reihe von Baldrian, Hopfen, Johanniskraut und anderen, die bei analysierenden Untersuchungen keinen Wirkstoff preisgeben wollen. Ihr Extrakt bleibt ihr Wirkstoff und ihr Geheimnis. Es darf also weiterhin gemunkelt werden.

Im Schatten der Nacht

Ob Giftpflanzen mit Heilwirkung, Nahrungs- oder Genussmittel, die Familie der Nachtschattengewächse mit knapp 3000 Arten hat neben attraktiven Blüten und leuchtenden Früchten einiges zu bieten. Tomaten, Cayennepfeffer, Tabak oder gar Engelstrompeten bringen Farbe und Abwechslung in unseren Alltag.

Mitte des 16. Jahrhunderts gelangten zahlreiche Nachtschattengewächse (*Solanaceae*) aus Südamerika nach Europa. Zu den einheimischen Arten wie Tollkirsche oder Nachtschatten, welche vor allem als Hexenkräuter bekannt waren, gesellten sich Kartoffeln, Tomaten, Auberginen, Paprika und Tabak. Doch der Anbau dieser heute weit verbreiteten Kulturpflanzen begann nur zögernd.

Giftpflanzenfamilie

Die meisten Arten der Nachtschattengewächse enthalten Alkaloide, eine Gruppe von Giftstoffen, welche auf unser Nervensystem wirken. Diese Stoffe werden in den Wurzeln gebildet und danach in den übrigen Pflanzenteilen umgebaut. Wegen ihrer starken Wirkung auf unseren Körper sind sie in hoher Dosierung gefährliche Gifte und in kleiner Dosis wertvolle homöopathische Arzneimittel. Dies wussten schon unsere Vorfahren, und so wurde die Tomate (*Lycopersicon esculentum*), die in den grünen Früchten den Giftstoff Tomatin enthält, zuerst nur als Zierpflanze in unseren Gärten gezogen. Erst später fand man heraus, dass giftiges Tomatin während des Reifungsprozesses in unschädliche Stoffe abgebaut wird, und seit knapp hundert Jahren bildet in Europa die Tomate mit ihren schönen, fünf- bis sechszipfligen Blüten nicht mehr nur eine ästhetische Bereicherung von Bauerngärten, sondern wird wegen ihrer schmackhaften Früchte angebaut.

Der scharfe Cayennepfeffer ist uns wohlbekannt. Es ist das Alkaloid Capsaicin, das dem Cayennepfeffer (*Capsicum annuum*) seine Schärfe verleiht. Hauptproduzent von Chili ist heutzutage Indien. Die Sorten der bei uns kultivierten Gemüsepaprika enthalten praktisch keine Alkaloide mehr und sind deshalb viel milder im Geschmack.

Tabak als Pflanzenschutzmittel

Schon die Mayas wussten, dass Tabak als Genussmittel geraucht werden kann. Von den etwa 60 Wildarten haben nur der Virginische und der Bauerntabak (*Nicotiana tabacum* und *Nicotiana rustica*) als Bastardzüchtungen wirtschaftliche Bedeutung erlangt. Das Tabakblatt enthält mehrere verschiedene Alkaloide, von denen das Nikotin das wichtigste ist. Es ist dafür verantwortlich, dass der Raucher beim Genuss einer Zigarette manchmal ein leichtes Schwindelgefühl verspürt. Tabakbrühe wird auch zur Blattlausbekämpfung eingesetzt. Bis zur Einführung synthetischer Insektizide im 20. Jahrhundert war die Anwendung von Nikotin als Insektenbekämpfungsmittel weit verbreitet.

Liebestrank und Zierde

Als Zierpflanze findet man aus der Gattung *Datura* die wohlriechende Engelstrompete (*Datura suaveolens*) mit ihren riesigen, weißen und lachsfarbigen Blüten in unseren Gärten. Der Einjährige Stechapfel (*Datura stramonium*) macht im Sommer und frühen Herbst mit seinen trompetenförmigen, attraktiven Blüten auf sich aufmerksam. Daraus entwickeln sich stachlige, äußerst giftige Kapseln. Diese Giftigkeit hinderte aber niemand daran, die Pflanze wie das nah verwandte Bilsenkraut (*Hyoscyamus niger*) in Liebestränken zu verarbeiten.

Auch die leuchtend orangen Lampions der Blasen- oder Judenkirsche (*Physalis alkekengi*) schmücken im Herbst den Bauerngarten. Ihren Namen hat die Pflanze

Orange leuchtet der aufgeblasene Fruchtkelch der Blasenkirsche.

von der Ähnlichkeit ihrer Fruchtkelche mit der Kopfbedeckung der Juden im Mittelalter bekommen. Bis auf die Beere im Innern des Lampions sind alle Teile der Pflanze ziemlich giftig. Was die glänzende Beere anbelangt, so streiten sich die Experten: Oft findet man sie in Südfrüchteläden zum Konsum angeboten. Dabei handelt es sich um eine Varietät ohne Giftstoffe. Was jedoch die Blasenkirsche in unseren Gärten anbelangt, hört man immer wieder von Fällen, wo es nach dem Genuss der Beere zu Vergiftungserscheinungen gekommen ist. Doch eigentlich ist es ja auch viel zu schade, die Früchte zu zerstören, und der sicherste Genuss ist es zweifellos, wenn man die Blasenkirsche mit den Augen isst.

Die Tollkirsche (*Atropa belladonna*) ist eine der giftigsten Arten unter den Nachtschattengewächsen. Sie kommt vor allem in Windwurf- und Kahlschlagsflächen vor. Vögel können die schwarzen Beeren ohne weiteres verdauen. Der Mensch reagiert auf das darin enthaltene Alkaloidgemisch sehr empfindlich. 10 bis 20 Beeren können bei Erwachsenen nach kurzer Zeit zum Tod durch Atemlähmung führen. Der Beiname «bella donna» rührt daher, dass die Hofdamen des Mittelalters das Alkaloid Atropin in ihre Augen träufelten, um die Pupillen zu erweitern. Dadurch verliehen sie den Augen ein dunkles, glänzendes Aussehen. Durch die Lähmung des Ziliarmuskels ging dies jedoch mit erheblichen Sehstörungen einher. Schönheit muß leiden.

Dreimal Rohrkolben

Nicht nur der kühlere Wind, der uns im Oktober häufiger um die Ohren weht, sondern auch die Formen und Farben lassen die Veränderungen spürbar und ersichtlich werden. Beim Teich finden sich auch in der herbstlichen Zeit ein paar Besonderheiten.

Obschon es im Herbst noch in jeder Ecke blüht, fallen uns mehr und mehr Fruchtstände in verschiedenen Formen auf. Wasserpflanzen, die wegen ihrer nass-kühlen Umgebung eine etwas längere Entwicklungszeit haben, sind im Herbst besonders spannend anzusehen.

Es blüht auf den Teichen

Die Weiße Seerose (*Nymphea alba*) blüht bis weit in die Herbstmonate, die Gelben Teichrosen (*Nuphar lutea*) zeigen an den verblühten Köpfen ihre bizarren, beerenartigen Früchte. In der Verlandungszone des Teichs, zwischen anderen Röhrichtpflanzen, wächst der Breitblättrige Rohrkolben (*Typha latifolia*). Seine braunen Kolben sind als begehrter Blumenschmuck für Trockensträuße bekannt. Die Blütenstände bestehen aus einem unteren walzenförmigen, weiblichen Teil und einem direkt anschließenden dünneren, männlichen Teil. In den Wassertrögen steht sein engster Verwandter: der Schmalblättrige Rohrkolben (*Typha angustifolia*), der sich – getreu seinem Namen – durch schlankere Blätter auszeichnet und eine deutlich breitere Lücke zwischen weiblichem und männlichem Blütenstand aufweist.

Die Samen des Rohrkolbens werden vom Wind verbreitet.

Der Kleinste liebt schnelle Gewässer

Den Dritten im Bund kann man kaum mit einer anderen Art verwechseln. Es ist der seltene Kleine Rohrkolben (*Typha minima*), der viel kleiner als seine Verwandten ist und sehr schmale, fast grasartige Blätter besitzt. Diese Art besiedelt als Flussauenpionier vorwiegend Kies- und Schlickbänke der Alpenflüsse, während die anderen beiden Verwandten stehende oder langsam fließende Gewässer bevorzugen. Die Gattung der Rohrkolben weist rund zwölf Arten auf, welche in der ganzen Welt vorkommen.

Nährendes und Heilendes

Die Rohrkolben sind schon seit Jahrhunderten wegen ihrer eigentümlichen Form, aber auch wegen ihrer vielseitigen Verwendungsmöglichkeiten bekannt. So wurden in unseren Gegenden die Blätter zum Abdichten von Fässern und zum Flechten von Stühlen und Matten gebraucht. Das Stängelmaterial diente zum Bau von Hausdächern, die Blüten und Früchte konnte man anstelle von Daunen in Kissen und Decken stopfen. Wegen des hohen Gehaltes an Stärke in den Wurzeln wurden Rohrkolben früher in Ostasien als Nahrungsmittel kultiviert. Auch die Wolle der reifen Fruchtstände konnte verwendet werden: Sie diente als Wundschutz und zeigte eine blutstillende Wirkung.

Die zierlichen Alpenveilchen

Im Wettkampf um die prächtigsten Blütenfarben im Herbst liegen die Alpenveilchen gut im Rennen. In ihrem Team vertreten sind auch zwei Arten, die wir in der Schweiz finden können. Doch die meisten europäischen Alpenveilchen bevorzugen das mediterrane Klima.

In unseren kalkreichen Laubwäldern gedeiht das Gemeine Alpenveilchen (*Cyclamen purpurascens*). Die zweite heimische Art, das Neapolitanische oder Efeublättrige Alpenveilchen (*Cyclamen hederifolium*), haben wahrscheinlich römische Siedler vor knapp 2000 Jahren von seiner mediterranen Heimat in die warme Walliser Gegend gebracht. Die Gattung der Alpenveilchen umfasst 19 Arten, welche vor allem im Mittelmeerraum vorkommen. Der wissenschaftliche Name «Cyclamen» ist vom griechischen «cyclos» (Kreis) abgeleitet und nimmt Bezug auf den kreisrunden, scheibenförmigen, knollenartig verdickten Wurzelstock.

Heilendes und Betäubendes

Die Alpenveilchenknolle diente schon den alten Griechen als Zaubermittel und war in der Volksheilkunde lange beliebt. Die unterirdische Knolle erzeugt Cyclamin, eine bereits in schwacher Dosis giftige Substanz, die im menschlichen Körper starken Durchfall auslöst. Eine Tinktur aus der Knolle wurde bei Verdauungsbeschwerden und Rheumatismus eingenommen, sie diente aber auch als Heilmittel bei Migräne und Koliken. Nicht nur die heilende, sondern auch die betäubende Wirkung des Cyclamins machte man sich zunutze: In kleinen Dosen wurde es früher beim Fischfang eingesetzt. Nicht alles, was für den Menschen giftig ist, schadet den Tieren: Wildschweine verzehren die Knolle des Alpenveilchens wie eine Delikatesse. Diesem Umstand verdankt das liebliche Alpenveilchen den Volksnamen «Saubrot». Bereits den alten Ägyptern war bekannt, dass sich die Knollen durch langsames Anfüttern zur Schweinemast verwenden ließen.

Ein Schauspiel auch nach dem Blühen

Nach der Blüte bietet das Alpenveilchen ein weiteres Schauspiel. Fallen die nickenden Blüten mit ihrer fünfzipfeligen, zurückgeschlagenen Krone ab, erfolgt das charakteristische Umbiegen des Blütenstieles. Beim Neapolitanischen Alpenveilchen rollt er sich spiralig ein, oft mit drei bis fünf vollen Umdrehungen. Dadurch werden die fast runden Kapselfrüchte auf den Boden gebracht. Sie reifen bei gedrängtem Wuchs unter dem abgefallenen Laub aus und springen später auf. So säen sie sich an Ort und Stelle selbst wieder aus oder gehen mit Hilfe der Ameisen, die es auf die nährstoffreichen Samenanhängsel abgesehen haben, auf Wanderschaft. Der Samen selber wird an einen anderen Ort transportiert und gelangt zum Keimen.

Das Alpenveilchen wächst teppichartig.

Die Heilkräfte des Ginkgos

In einem hellen Zartgrün präsentieren sich im frühen Herbst die fächerförmigen Blätter eines Baumes, der als eines der ältesten lebenden Fossile der Pflanzenwelt gilt. Er ist hitze-, strahlungs- und krankheitsresistent und wurde in Japan als heiliger Baum betrachtet und als Tempelbaum verehrt. Die Rede ist vom Ginkgo.

Wenn man sich den Ginkgo (*Ginkgo biloba*) genauer ansieht, entdeckt man im Herbst die exotisch anmutenden Blätter, nicht aber seine Blüten. Selbst mit einem guten Fernglas würde man im Herbst vergeblich nach den männlichen oder weiblichen Blüten suchen, denn diese sind längst verblüht. Steht man allerdings vor einem weiblichen Baum, so könnte man schon die ersten Früchte erspähen. Der entwicklungsgeschichtlich uralte Ginkgo – seine Verwandten tauchten bereits vor 290 Millionen Jahren auf – praktiziert eine strenge Geschlechtertrennung. Die Früchte, die dem Baum auch den Namen «Silberaprikose» beschert haben und tatsächlich wie

Der Ginkgo trägt wunderschöne Blätter und ist ein Relikt aus uralten Zeiten.

Aprikosen aussehen, sind nämlich alles andere als beliebt. Wenn sie reif werden, entwickeln sie stark nach Buttersäure stinkende Substanzen. Dies ist denn auch der Grund für die Geschlechterdiskriminierung in unseren Parks und Gärten; dort werden meist nur Männchen angepflanzt.

Kein Laubbaum

Obschon er auf den ersten Blick wie ein Laubbaum aussieht, steht der Ginkgo den Nadelbäumen viel näher und gehört wie die Tanne oder die Fichte zu den Nacktsamern. Er wird der Familie der Ginkgogewächse (*Ginkgoaceae*) zugeordnet, die heute nur noch eine einzige Art umfasst. Die Blätter weisen gabelig verzweigte Nerven auf; eine Mittelrippe sucht man vergebens. Diese spezielle Blattform ist ein sehr ursprüngliches Merkmal.

Zu Beginn ihres Wachstums sind die Blätter im Frühjahr hellgrün; sie werden über den Sommer allmählich dunkler, färben sich im Herbst auffallend hellgelb und fallen schließlich etwa Anfang November ab. Speziell ist der Umstand, dass die meisten Blätter innert weniger Tage abfallen können.

Heiliger und resistenter Baum

Die besondere Bedeutung des Ginkgos geht auf die asiatische Philosophie zurück. Der gesamte Baum wurde als pflanzliches Symbol der Harmonie betrachtet. Aber auch die physiologische Widerstands- und Anpassungsfähigkeit ist mit ein Grund, weshalb der Ginkgo als heiliger Baum angesehen und als Tempelbaum verehrt wird.

Der Ginkgo wird nachweislich kaum je von Schädlingen befallen und gedeiht in nahezu jedem Klima und in jedem Boden. Aufgrund seiner Resistenz gegen Autoabgase gilt er als einer der wenigen Bäume, die sich für die Straßen von Manhattan eignen. Unter günstigen Bedingungen kann er ein enormes Alter erreichen. In Asien sind Ginkgobäume bekannt, die über 1000 Jahre alt geworden sind. Deshalb wurden sie seit jeher als kraftspendend und lebensverlängernd verehrt.

Alte Bäume können am Stamm und an kräftigen Ästen wurzelartige Wucherungen ausbilden. Es wird vermutet, dass es sich um Stützwurzeln handelt, die zur Unterstützung des gesamten Baumes auf weichem Grund dienen. Diese Auswüchse werden in Japan «Chi-Chi» genannt und wurden lange als Fruchtbarkeitssymbol verehrt. Vor allem kinderlose Frauen pilgerten früher zu solchen Ginkgos, berührten die «Chi-Chi» und baten um Kindersegen, andere erhofften reichen Milchfluss für ihre Säuglinge.

Zur modernen Mythenbildung hat auch wesentlich die Geschichte des Tempelbaumes in Hiroshima beigetragen, der bei der Atombombenexplosion 1945 in Flammen aufging, aber im nächsten Frühjahr wieder austrieb und weiterlebte.

In Deutschland wurde die Bekanntheit und Verbreitung des Gingkobaumes gefördert durch ein Gedicht, das den Titel «Ginkgo Biloba» trug. Der damals 66 Jahre alte Johann Wolfgang von Goethe schrieb das Werk 1815. Das Gedicht war Goethes später Liebe, Marianne von Willemer, gewidmet, und in ihm stellte das Ginkgoblatt ein Sinnbild der Freundschaft dar.

Fördert die Durchblutung

Die Verwendung der Blätter als Heilmittel ist seit 2800 v. Chr. in einer chinesischen Sammlung belegt. Ginkgoblätter dienten bereits zur Zeit des Mittelalters zur Behandlung von Asthma, Bronchitis, Hautkrankheiten oder Tuberkulose. In der heutigen Heilkunde wird den Ginkgoblattextrakten vornehmlich eine durchblutungsfördernde Wirkung zugesprochen. Vor allem für die Stärkung des Gehirns werden Ginkgoextrakte verschrieben.

Seit kurzer Zeit werden Studien mit Ginkgopräparaten durchgeführt, welche die Wirksamkeit als Schutz vor Arteriosklerose belegen sollen. Die Wirkstoffe sind chemisch so komplex, dass es noch nicht gelungen ist, sie in vollem Umfang synthetisch herzustellen.

Herbstfarbener Kaugummi

Das Blattwerk vieler Bäume und Sträucher irrt sich im Kalender nie: Auch wenn im Herbst das Wetter noch sehr warm und sonnig ist, sind deutliche Verfärbungen der Herbstblätter auszumachen. Variationsreiche Gelb- und Rottöne zeigen aber nicht nur die einheimischen, sondern auch etliche nordamerikanische Gehölze. So auch der als Gartenbaum beliebte Amberbaum, der uns mit seiner grandiosen Farbenpalette verwöhnt.

Im Herbst denken wir kaum schon daran, uns auf den kommenden Winter vorzubereiten. Unsere einheimischen Laubbäume sind jedoch bereits in dieser Jahreszeit daran, dies zu tun: Sie werfen ihr Laub allmählich ab.

Bäume in den Wintervorbereitungen

Bevor sich unsere Laubbäume und Sträucher von ihren Blättern trennen, entnehmen sie daraus wertvolle Stoffe und lagern diese in den Leitgefässen ein. Ein solcher Stoff ist das Blattgrün (Chlorophyll), welches für das sommerliche Grün verantwortlich ist. Im Blatt bleiben nun vor allem Kohlenstoffe und je nach Baumart auch rote Farbstoffe zurück, welche den Blättern gelbe und rote Farbtöne geben. Die bereits beträchtlichen Temperaturunterschiede zwischen Tag und Nacht verstärken die Herbstfärbung, und von September bis in den späten November können wir in den Gärten, Wäldern und Parkanlagen ein großartiges Farbenmeer bestaunen.

Amberbäume aus West und Ost

Man hat beinahe das Gefühl, dass sich die einheimischen Gehölze um die Wette mit den nordamerikanischen und asiatischen Bäumen verfärben. Der nordamerikanische Amberbaum (*Liquidambar styraciflua*) hat gute Chancen, von den Besuchenden als buntester Baum erkoren zu werden. Er ist in Ostamerika und in Mittelamerika beheimatet, wo er am häufigsten in Mischwäldern auf sehr verschiedenartigen Böden vorkommt. Im Garten findet man ihn im Zaubernuss-Wäldchen. Der Orientalische Amberbaum (*Liquidambar orientalis*), welcher in Kleinasien und Arabien verbreitet ist, befindet sich in der Rabatte vor dem Hörsaal.

Wärmere Zeiten

In Europa gedeihen Amberbäume nur in Gärten und Parks und verwildern selten. Ihnen behagt das Klima nur bedingt, da die Sommer nicht warm und feucht genug, die Herbste jedoch zu nass sind. Dem war allerdings vor rund 20 Millionen Jahren nicht so, als das Klima in Europa viel wärmer, feuchter und subtropisch war. Viele in unseren Regionen gefundene Amberbaum-Fossilien deuten darauf hin, dass sich die Amberbäume zu dieser Zeit auch bei uns wohl gefühlt haben. Die anschließend eintretenden Eiszeiten verursachten das Aussterben vieler Arten in Europa, da sie beispielsweise wegen der von West nach Ost verlaufenden Alpenzüge nicht gegen Süden ausweichen konnten. Dem war in Nordamerika jedoch nicht so: Die Gebirge verlaufen von Norden gegen Süden, so dass viele Pflanzen während der Kälteperioden in wärmeren Gegenden überleben konnten.

Wohlriechendes Abwehrmittel

Der lateinische Name *Liquidambar* bedeutet «flüssiger Amber». Amber ist eigentlich eine ölige Darmausscheidung des Pottwals, die in der Parfümindustrie verwendet wird. Amberbaum werden diese Gartenbäume deswegen genannt, weil sie bei Verletzungen am Stamm einen wohlriechenden Balsamsaft ausscheiden. Der Baum verteidigt sich so – ähnlich wie unsere Nadelbäume mit Harz – gegen Bakterien- und Pilzinfektionen. Um diesen flüssigen Balsam zu gewinnen, wird die Rinde angeschnitten, so dass der Saft austritt und eingesammelt werden kann. Die Araber nannten diesen Balsam «Amber». Die Griechen gaben ihm den Namen «Styrax», da sie ihn vermutlich mit dem Harz der ostasiatischen Styraxbäume verwechselten.

Die Naturapotheke empfiehlt

Der im westlichen Kleinasien gewonnene wohlriechende Balsamsaft wird für die Herstellung von Salben und Sirup verwendet und dient als Heilmittel gegen Ruhrkrankheit und Darmerkrankungen. Dieses dickflüssige Gemisch aus Harzen und ätherischen Ölen wirkt schleimlösend und wird wegen seiner bakterienabtötenden Wirkung auch bei Hautkrankheiten eingesetzt.

Alternativer «chewing gum»

Der Balsam des amerikanischen Amberbaumes wird wegen der schlechteren Qualität weniger häufig verwendet als derjenige seines asiatischen Bruders. Der Saft wurde in Amerika früher vor allem als eine Art Kaugummi verwendet, weil er lange zäh und süß bleibt. Die Amerikaner sprechen daher meistens von «sweet gum», süßem Kaugummi.

Aufgrund seiner guten Holzqualität verarbeitet man den Baumstamm bevorzugt zu Bau-, Sperr- und Furnierholz. Der Balsam wird schon seit der Antike zum Räuchern benutzt und ist heute neben dem Weihrauch das wichtigste Räucherwerk der griechisch-orthodoxen Kirche.

Alles Zaubernüsse

Der Amberbaum wird der Familie der Zaubernussgewächse (*Hamamelidaceae*) zugeordnet. Im Botanischen Garten befindet er sich inmitten seiner Verwandten aus Nordamerika und Asien. Ursprünglich war der Garten einmal nach rein systematischen Kriterien geordnet – das Zaubernuss-Wäldchen östlich des Alpinums ist also ein Zeuge einer längst vergessenen Gartenphilosophie.

Die Früchte des Amberbaums sind stachelig verziert.

Lärchengold und Arvengrün

Der Herbst schenkt uns prachtvolle Sonnentage und taucht den Wald in leuchtende Farben. In dieser Jahreszeit treffen wir im Engadin oder im Wallis beim Wandern auf eine eindrückliche Kulisse: die berühmten goldfarbenen Lärchenwälder. Nahe der Waldgrenze lassen sich zudem alte, knorrige Arven bestaunen. Wenn Sie jedoch gerade keine Zeit für eine Herbstwanderung in der Höhe haben, genießen Sie doch die Lärchen und Arven im Alpinum.

Die Lärche (*Larix decidua*) und die Arve (*Pinus cembra*) gehören zur Familie der Föhrengewächse. Die beiden Nadelhölzer prägen in den Zentralalpen den südalpinen Lärchen-Arven-Wald. Dieser findet sich ab einer Höhenlage von zirka 1800 m ü.M. bis hinauf zur Waldgrenze und bildet somit die höchstgelegenen Wälder Mitteleuropas.

Diese Höhenrekorde sind der extremen Frosthärte der beiden Baumarten zu verdanken, deren Verwandte auch die kältesten Gebiete Sibiriens mit Wald bedecken.

Die Lärche – ein Lichtbaum

Der Lärchen-Arven-Wald bezaubert im Herbst durch seine reichen Farbkontraste: das tiefe Goldgelb der Lärchennadeln, das satte Dunkelgrün der Arvennadeln und die rotbraune Borke der knorrigen Arvenstämme. Dazwischen leuchten herbstlich gefärbte Pflanzen wie beispielsweise das orangerote Blattwerk des Heidelbeerstrauchs (*Vaccinium myrtillus*) oder die grün melierten überhängenden Blätter des Wolligen Reitgrases (*Calamagrostis villosa*).

Jahrhundertelang wurde die Arve ihres gesuchten Holzes wegen gefällt, jedoch nicht nachgepflanzt. Übrig blieben schüttere Lärchen-Reinbestände, so genannte «Lärchwiesen», die sich vorzüglich als Waldweide eigneten. Im Gegensatz zum oft dunklen Fichtenwald lässt der lichte Lärchenwald den Aufwuchs einer üppigen Krautschicht für Weidetiere zu und bietet den Tieren zudem schattige Plätze an. Die Lärche ist das einzige unserer einheimischen Nadelhölzer, welches im Herbst seine Nadeln verliert. Dieser Besonderheit wurde im lateinischen Artnamen *decidua* Rechnung getragen, was übersetzt «abfallend» heißt. Im Frühling treiben die Nadeln zartgrün aus und dunkeln dann bis im Sommer etwas nach.

Venezianisches Terpentin

Die schnellwüchsige und relativ anspruchslose Lärche liefert ein sehr schönes und haltbares Holz, das noch mehr Harz enthält als Kiefernholz und deshalb äußerst resistent gegen Wurmfraß und Witterungswechsel ist. Auch dem Einfluss von Wasser ist das Holz gewachsen; es diente deshalb früher zur Herstellung von Wasserbauten, Wasserleitungen, Bottichen usw. Heutzutage wird das beständige Holz häufig im Schiffsbau, für Telegrafenmasten, Holzschindeln, Fußböden sowie Wandvertäfelungen verwendet.

Das Harz der Nadelbäume, welches einem so unangenehm an Kleidern und Händen kleben kann, gilt als begehrtes pflanzliches Heilmittel. Zur Harzgewinnung werden die Bäume angebohrt und der austretende Harzsaft wird aufgefangen. Gereinigt wird dieser unter der Bezeichnung Terpentin in den Handel gebracht. In den Apotheken standen früher jeweils mehrere Terpentinarten zur Auswahl, wobei Kiefernharz die gebräuchlichste und auch erschwinglichste war. Beim teureren Lärchenterpentin handelt es sich um eine gelb-braune, honigdicke Flüssigkeit, die leicht bitter ist, aber sehr würzig riecht. Lange Zeit war Venedig der Hauptumschlagplatz für dieses Harz, weshalb es auch Venezianisches Terpentin genannt wurde. Auch heute noch wird das Lärchenharz in der Pflanzenheilkunde zur Herstellung von Salben verwendet, welche bei rheumatischen Schmerzen, Hexen-

Das Lärchengold tröstet darüber hinweg, dass die Nadelpracht bald vorüber ist.

schuss und Neuralgien helfen. Im Falle von Husten wirkt die Lärchenharzsalbe auf der Brust aufgetragen schleimlösend, als Wundsalbe desinfisziert sie Wunden und beschleunigt den Heilungsvorgang.

Wo Vergesslichkeit von Nutzen ist

Im Gegensatz zur Lärche ist die Arve immergrün und behält ihre Nadeln auch im Winter. Unter den Föhrenarten stellt sie insofern eine Besonderheit dar, als bei ihr im Unterschied zu fast allen übrigen Arten die Nadeln nicht zu zweit, sondern zu fünft in einem Bündel stehen. Stamm und Äste der Arve sind oft drehwüchsig, worauf der deutsche Name «Zirbe» Bezug nimmt: Der Begriff «zerben» bedeutet «sich drehen». Das nach Harz duftende, langsam wachsende Arvenholz ist ein begehrtes Material für Täfelungen und Möbel und verleiht mancher Gaststube im Bündnerland eine besondere Gemütlichkeit.

Während die Lärche dekorative kleine Zäpfchen ausbildet, handelt es sich bei den Arvenzapfen um ansehnliche Fruchtstände, welche im Innern wohlriechende, in Geschmack und Form an Pinienkerne erinnernde Nüsse bereithalten. Arvennüsse sind im Bergwald unter den Waldbewohnern ein begehrtes Gut – vor allem eine Tierart hat sich auf die nahrhaften und würzigen Samen spezialisiert: der Tannenhäher. Den braunen, weiß gesprenkelten, zu den Rabenvögeln gehörenden Vogel kann man im Herbst beobachten, wenn er mit gefülltem Kehlsack über den Bergwald fliegt. Jeder einzelne Tannenhäher sammelt jährlich bis zu 100 000 Nüsschen und legt Tausende von Verstecken als Wintervorrat an. 80 Prozent dieser Verstecke findet er wieder, aus den übrigen Vorräten sprießen junge Arven. Vergesslichkeit kann also auch von Nutzen sein!

Uralte Baumgiganten

Einige Nadelbäume schlagen alle Rekorde. Sie wachsen in den himmlischen Höhenbereich hinauf, erreichen ein biblisches Alter und ihre Vorfahren besiedeln unsere Erde seit Urzeiten. Solche Mammutbäume gedeihen auch im Botanischen Garten, obwohl ihr Auftreten bei uns bescheidener ist.

Wie alt ist die Erde? Diese Frage beschäftigt den Menschen seit langer Zeit und seine Antworten sind dementsprechend unterschiedlich. Vor 350 Jahren berechnete ein gewisser John Lightfood von der Universität Cambridge das Alter der Erde, indem er das Alter der Menschen in der Bibel zusammenzählte. Dabei folgerte er, dass die Erde um 4004 v. Chr. entstanden sein musste, mehr noch, er konnte sogar den genauen Zeitpunkt erfassen und behauptete, dass dieses große Ereignis am Sonntag, dem 26. Oktober, um 9.00 Uhr stattgefunden habe. Diese Zeitangabe wurde noch viele Jahre akzeptiert. Charles Darwin, der 1859 sein berühmtes Buch «Von der Entstehung der Arten» veröffentlichte, nahm ein Alter der Erde von rund 300 Millionen Jahren an. Heute wissen wir aufgrund von fossilen Gesteinen und Datierungsmethoden mittels Radioaktivität, dass unsere Erde etwa 4,6 Milliarden Jahre alt ist. Dabei vermuten die Forscher, dass die ersten Landpflanzen vor rund 475 Millionen Jahren entstanden sind und 200 Millionen Jahre später die ersten Mammutbäume die Erde besiedelten.

Harz tropft aus dem Zapfen der Grannenkiefer, des Kinds einer 4000 Jahre alten Mutterpflanze.

Der Baumriese

Der eindrucksvolle Riesen-Mammutbaum (*Sequoiadendron giganteum*) ist ein Beispiel eines solch urzeitlichen Wesens, welches bis heute in der Sierra Nevada in Kalifornien überlebt hat – mit einer gigantischen Höhe von über 100 Metern wahrlich ein Monument von einem Nadelgehölz. Die mächtigsten Riesen-Mammutbäume haben eindrückliche Namen erhalten. So trug der höchste bisher gemessene, heute aber nicht mehr vorhandene Mammutbaum den Namen «Vater des Waldes». Er hatte eine Höhe von 135 Metern. Mammutbäume werden nicht nur besonders groß, sondern auch enorm alt. So werden nach genauer Auszählung der Jahresringe einige auf 3400 Jahre veranschlagt. Als sie aus den Keimlingen aufwuchsen, bereitete Moses gerade den Auszug aus Ägypten vor. Diese Bäume gehören also zu den ältesten noch lebenden Organismen der Welt. Das Exemplar im Botanischen Garten – es steht unterhalb des Sukkulentenhauses – ist mit seinen rund 100 Jahren noch vergleichsweise jung.

Die beim immergrünen Riesen-Mammutbaum bis zu 60 Zentimeter dicke Rinde bietet einen wirksamen Schutz gegen Brände. Doch gegen die intensive Nutzung durch den Menschen half dies nicht viel. Mit der Besiedlung des amerikanischen Westens dezimierten Goldsucher und Angehörige der Missionsstationen die Mammutbäume stark. Dass trotzdem viele große Exemplare übrig geblieben sind, beruht nicht so sehr auf der Einsicht, diese Bäume zu schützen, sondern schlicht darauf, dass die Werkzeuge in früherer Zeit zum Fällen dieser Baumriesen ungeeignet waren. Trotz umfangreicher Schutzmaßnahmen sind die Mammutbäume auch heute noch gefährdet, da die Holzindustrie in den USA eine mächtige Lobby in den Regierungskreisen hat und ihr Hunger nach den Riesen nicht völlig gestillt ist.

Das lebende Fossil

Ein naher Verwandter des Riesen-Mammutbaumes ist der Urwelt-Mammutbaum (*Metasequoia glyptostroboides*). Dieser gehört ebenfalls zur Familie der Sumpfzypressengewächse (*Taxodiaceae*), welche den uns wohlbekannten Kieferngewächsen (*Pinaceae*) ähnlich sind. Dank Fossilien fand man heraus, dass die ersten Vertreter des Urwelt-Mammutbaumes die Erde vor über 140 Millionen Jahren besiedelten. Diese Pflanzenart wurde als ausgestorben betrachtet, da man keine lebenden Bäume fand. Dies änderte sich 1941, als Botaniker in Zentralchina an Hängen, in Schluchten sowie an Bächen und Reisfeldern auf etwa 1000 lebende Exemplare des Urwelt-Mammutbaumes stießen. Den Einheimischen jedoch war dieser Nadelbaum als Wassertanne oder Wasserlärche schon lange bekannt. Ungewöhnlich in der Forschungsgeschichte ist der Umstand, dass ein Gehölz zuerst als Fossilfund und erst danach als «lebendes Fossil» entdeckt wurde. Nach der Entdeckung gelangten Samen in die USA und von da in viele botanische Gärten der Welt. Das Exemplar im Berner Garten befindet sich beim Eingang zum Palmenhaus. Im Herbst verfärbt es sich golden und wirft danach seine ganzen Kurztriebe mit den Nadeln ab. Diese Anpassung an den Winter ist nur wenigen Nadelhölzern, wie zum Beispiel der Lärche, eigen.

Der älteste Baum

Wie alt kann eine Pflanze werden? Diese Frage lässt sich ebenfalls mit einem Nadelbaum, der Grannenkiefer (*Pinus longaeva*), beantworten. Diese immergrüne Kiefernart gedeiht nur in exponierten Höhenlagen im Südwesten der USA. Die älteste bekannte Grannenkiefer stand in Nevada. Es ist kaum zu glauben: Sie wurde zwecks Zählung ihrer Jahresringe gefällt und hatte deren 4900. Ihr jähes Ende ereilte sie also kurz vor ihrem 5000. Geburtstag. Wenn wir zurückrechnen, sehen wir, dass dieses Individuum ums Jahr 2900 v. Chr. aus einem Samen gekeimt ist, als Europa sich kulturell in der Steinzeit befand. Wie ist dieses hohe Alter möglich? Trockene Winde und eine extrem starke Sonneneinstrahlung auf 3500 Metern über Meer schaffen ein Klima, das weder von Pilzen noch von anderen Baumschädlingen ertragen wird. Zudem ist das Holz der Grannenkiefer durch Harz und andere Stoffe vor dem Zerfall geschützt. Die Grannenkiefern gelten somit als die ältesten Pflanzen der Erde!

Im amerikanischen Teil des Alpinums wächst eine zwei Meter hohe Grannenkiefer, die 1982 gesetzt wurde. Sie keimte aus einem Samen, dessen Mutterpflanze heute noch in Nevada steht und rund 4000 Jahre alt ist. Sollte uns also der Botanische Garten auch in Zukunft erhalten bleiben, hat diese Grannenkiefer gute Chancen, den Jahrtausendwechsel zum Jahr 6000 erleben zu können.

Wer nicht vom Esel gebissen werden will …

… tut gut daran, jeweils am 1. Mai eine Kastanie zu essen. Dies ist laut Volksglaube eine der vielfältigen Wirkungen der Edelkastanien. Mit Anbruch der kalten Jahreszeit werden diese Früchte auch in Berns Gassen als «heiße Marroni» angepriesen oder begegnen uns als schmackhafte Beilage zu Wild und in Form von leckeren Vermicelles. Im Gegensatz zu den kulinarischen Genüssen, welche die Kastanie bietet, ist ihre vorbeugende Wirkung gegen Eselsbisse heute jedoch eher in den Hintergrund getreten.

Als Nahrungsmittel hatte die Kastanie (*Castanea sativa*) einst einen ganz anderen Stellenwert als heute: So war sie im Tessin und in den Bündner Südtälern während Jahrhunderten nicht bloß Zwischenverpflegung, Beilage oder Dessert, sondern das Grundnahrungsmittel schlechthin. Der Ertrag eines Kastanienbaums reichte aus, um ein hungriges Maul zu stopfen; so lautete die Faustregel für den Bedarf an Bäumen. Die frischen Kastanien gelangten gesotten oder geröstet auf den Tisch. Zur Konservierung wurden die Früchte in kleinen Dörrhäuschen während mehrerer Wochen auf einem Rost über dem Feuer getrocknet. Die getrockneten Früchte wurden gemahlen und das Mehl, meistens mit etwas Roggenmehl gemischt, zu Brot gebacken oder zu anderen Gerichten verarbeitet.

Von den Römern eingeführt

Das natürliche Verbreitungsgebiet der Edelkastanie umfasst den größten Teil des Mittelmeerraumes, das nördliche Kleinasien und die Kaukasusländer. In der Südschweiz, wo sie ursprünglich nicht heimisch war, wurde die Kastanie, gleich wie die Weinrebe und der Walnussbaum, von den Römern eingeführt und angepflanzt. Von da an nahm die Kastanienkultur einen gewaltigen Aufschwung, der nur von der nach der römischen Herrschaft einwandernden germanischen Bevölkerung, den Langobarden, zeitweise unterbrochen wurde. Diese zerstörten einen Teil der römischen Kastanienhaine und bauten stattdessen Wein, Getreide, Hanf und Buchweizen an. Später wurde die Kastanie auf ehemaligem Ackerland erneut in großem Stil angepflanzt, und von da an dauerte die Blütezeit der Kastanienkultur in der Südschweiz bis ins 18. Jahrhundert, als während einiger Frostjahre zahlreiche Bäume erfroren und wegen des Aufkommens der Industrie in Norditalien mit der Abholzung von Kastanien zur Holzkohleproduktion begonnen wurde.

Die eigentliche Krise der Kastanienkultur begann jedoch mit der Einführung von Mais und Kartoffeln Anfang des 19. Jahrhunderts, was ein vermindertes Interesse der Bevölkerung an der Kastanie zur Folge hatte. In den abgelegensten Tälern blieb sie dennoch bis ins 20. Jahrhundert hinein die Existenzgrundlage der ländlichen Bevölkerung.

Wie in einer gotischen Kirche

Eine Kastanienselve, wie die parkartigen, lockeren Pflanzungen von Fruchtbäumen auch genannt werden, bietet mit ihren mächtigen, alten Bäumen einen imposanten Anblick.

Er fühle sich, als ob er sich in einer großen gotischen Kirche befinde: So beschreibt Johann Georg Sulzer 1780 seine Eindrücke von einer Tessiner Selve, wo die Kronen von zwei weit auseinander stehenden Baumreihen ein in der Höhe spitz zulaufendes Gewölbe bilden. Ob sich die gotischen Baumeister dort die Ideen für den Bau ihrer Kirchen geholt hätten oder ob die Menschen, welche die Bäume gepflanzt hatten, diesen Platz nach dem Vorbild solcher Kirchen gestaltet hätten – das fragt sich der Romantiker Sulzer. Ein Zusammenhang scheint ihm jedenfalls auf der Hand zu liegen.

Heute bestehen nur noch vergleichsweise kleine Überreste der einstmals riesigen Selven der Alpensüdseite; eine besonders schöne ist Brentan im Bergell, nahe der Grenze zu Italien.

Die Begleiter des Weinbaus

Häufig stößt man in der Kastanienregion hingegen noch auf Niederwälder. Wird der Hauptstamm der Kastanie kurz über dem Boden abgesägt, schlägt die Pflanze wieder kräftig aus und es wachsen mehrere neue Stämmchen aus dem alten Stock. Bereits nach 12 bis 15 Jahren können diese wiederum gefällt und als Brennholz oder als Pfosten und Stangen verwendet werden. Die Niederwald-Bewirtschaftung ist überall da zu finden, wo Weinbau betrieben wird, denn für diesen wird – oder wurde jedenfalls zu früheren Zeiten – eine große Menge solcher Pfosten als «Rebstickel» zur Stütze der Reben benötigt.

Auch auf der Alpennordseite ist die Kastanie manchmal in Gesellschaft von Weinreben zu finden: an milden Stellen tiefer Lagen, bevorzugt an südexponierten Hängen. Die Kastanie kann überall da gedeihen, wo das Klima auch für den Weinbau günstig ist. Sie wurde an einigen solchen Stellen mit gutem Erfolg angepflanzt; davon zeugen noch heute verschiedene Flur- und Ortsnamen, wie zum Beispiel Kastanienbaum am Vierwaldstättersee.

Die privilegierte Lage

Der sonnige, geschützte Südhang am Aareufer bietet der Edelkastanie, welche übrigens botanisch zur Familie der Buchengewächse gehört und somit mit der Rosskastanie nicht enger verwandt ist, einen günstigen Lebensraum. Wen wundert es noch, dass dort früher einmal Reben kultiviert wurden?

Stachelige Hülle und wertvoller Kern – die Edelkastanie

Tauchgang im Farbenmeer

Wenn sich die Menschen in dickere Jacken und Mäntel hüllen, so erscheint auch die Pflanzenwelt im Botanischen Garten in einem neuen Kleid. Die leuchtenden Farben der Bäume und Sträucher locken zu einem Rundgang, der einen trüben Herbsttag zu einem unvergesslichen Erlebnis macht.

Schon von der Lorrainebrücke leuchtet einem der Botanische Garten in zahlreichen Rot- und Gelbtönen entgegen. Taucht man in diesen hinab, so schwelgt man bald in einem Meer der Farben und der Stille. Für einmal ist es aber nicht die liebevoll gezogene Blütenpracht, welche das Auge der Besucherinnen und Besucher verwöhnt; hier und dort leuchtet noch ein goldener Herbstkrokus oder ein rosafarbenes Alpenveilchen, doch das eigentliche Farbenwunder haben wir den Blättern zu verdanken. Es kommt nicht von ungefähr, dass viele unserer Zierpflanzen wegen ihrer Herbstfärbung gehegt und gepflegt werden, denn gerade in der oftmals düsteren, blütenarmen Herbstzeit werden Farben mehr denn je geschätzt.

Buntes Aufflackern vor eisigem Tod

Für uns alle ist die Verfärbung der Blätter etwas ganz Natürliches, das mit dem Einzug des Herbstes einhergeht, und wir fragen uns fast nie, weshalb uns die Pflanzen alljährlich ein Farbenspektakel bieten. Schauen wir uns also an, wie und wieso dieser bunte Reigen entsteht.

Schon bald verzuckern die ersten Herbstfröste das Land, und spätestens dann wird uns bewusst, dass sich das Klima in unseren Breitengraden auch den Pflanzen gegenüber sehr unwirtlich gebärdet. Um während der kalten Saison keine Schäden zu erleiden, findet bei unseren Laubbäumen und den Lärchen ein alljährlicher Laub- respektive Nadelfall statt. Dieser hat für die Pflanzen den Vorteil, dass wertvolle Elemente aus den Blättern abgezogen und in den Leitgefäßen des Stammes gelagert werden können. Dieser Prozess wird durch das Licht und die Temperatur beeinflusst. Intensiv wird die Herbstfärbung, wenn die Tagestemperaturen hoch, die Nachttemperaturen jedoch niedrig sind. Diese Bedingungen werden in gewissen Klimaregionen besonders ausgeprägt er-

Das Blattgrün ist weg: Zurück bleiben prächtige farbige Herbstblätter.

füllt, und so erstaunen uns immer wieder die schon fast unnatürlich anmutenden Bilder des kanadischen «indian summer».

Was macht es aber aus, dass sich das Laubwerk einiger Bäume rot und purpurn, bei anderen aber wieder goldgelb verfärbt? In beiden Fällen ist es so, dass das Blattgrün der Pflanzen, das Chlorophyll, abgebaut wird. Zurück im Blatt bleibt, was die Pflanze entbehren kann, namentlich Kohlenwasserstoffe und Sauerstoff. Beim Abbauprozess der roten Blätter kommt es zur Bildung von Anthocyanen, in der Pflanzenwelt sehr häufigen roten Farbstoff. Bei den gelben Blättern findet die Bildung dieses Nebenproduktes nicht statt, und so leuchtet schon bald die goldene Grundfarbe, welche während des Sommers durch das Blattgrün verdeckt war.

Die Protagonisten des Farbspektakels

Besonders intensiv gelb leuchten die Blätter des Dreilappigen Papaus (*Asimina triloba*), welche zum dunkelbraunen Stamm einen ausgesprochen dekorativen Kontrast bilden. Wäre das angenehm säuerliche Fruchtfleisch der Früchte dieses Baumes nicht so spärlich, so könnte man ihn sicher viel häufiger in den Gärten als beliebten Fruchtbaum antreffen. Scharlachrot, einer brennenden Säule gleich, ist der Amberbaum (*Liquidambar styraciflua*) schon von weither zu sehen. Wie viele Bäume aus fernen Landen erfreut er sich wegen der attraktiven Herbstfärbung einer großen Beliebtheit bei einem breiten Publikum. Im Botanischen Garten tut er gut daran, seinen Farbenzauber besonders auszubilden, denn die Konkurrenz vom benachbarten Golddach des Ginkgobaumes (*Ginkgo biloba*) ist ihm gewiss. Die Farbenpracht dieses Baumes, wenn er seine Blätter ein letztes Mal dem stahlblauen Herbsthimmel entgegenstreckt, lässt sich nicht in Worte bannen – man muss ihn einfach ansehen und staunen.

Es lohnt sich, eines dieser wunderbaren Blätter etwas genauer anzusehen. Man erkennt, dass die Blattnerven alle fächerartig verlaufen und das Blatt einer Reihe zusammengeschweißter Nadeln gleicht. Dies kommt nicht von ungefähr, da die Ginkgobäume mit den Nadelbäumen weit näher verwandt sind als mit den Laubbäumen. Und dass nicht alle Nadelbäume immergrün sind, dafür liefern die verschiedenen Lärchenarten (*Larix* sp.) auch gleich den Beweis: Auch ihr zartes Grün wird im Spätherbst verblassen und einem satten Goldgelb Platz machen, bevor sich nur noch die nackten Baumgerippe im kalten Herbstwind schaukeln werden.

Giftiges Orange und sattes Weinrot

Auch der Nutzpflanzengarten ist vom herbstlichen Farbenzauber stark geprägt. Von weitem leuchten die orangefarbenen Blasenkirsche (*Physalis alkekengi*), als gelte es vom nahe gelegenen, fein pastellfarbenen Blumen-Hartriegel (*Cornus florida*) abzulenken und die Aufmerksamkeit auf sich zu ziehen. Vielleicht will uns die Blasenkirsche oder Lampionsblume mit ihrer leuchtenden Farbe auch auf ihre Giftigkeit hinweisen.

Intensiv gefärbte Früchte, Beeren und Blüten wurden früher oft zum Färben von Textilien und Lebensmitteln verwendet. Ein Beispiel dafür ist die Kermesbeere (*Phytolacca americana*), die im Waldgarten gedeiht. Wie uns schon der lateinische Name sagt, stammt diese Pflanze aus Nordamerika. Bei uns ist sie in wärmeren Gegenden ebenfalls heimisch geworden. Es fällt auf, dass sie in Weinbaugebieten vermehrt auftritt. Dies liegt wohl daran, dass die Kermesbeere nicht nur zum Verschönern von Zuckerwaren oder zum Schminken verwendet wurde, sondern auch zum Nachfärben von zu hellem Rotwein.

Kurzer Zauber

Wer sich die Farbenvielfalt ansehen möchte, der sollte damit im Herbst nicht zu lange warten. So schön der Zauber ist, so rasch geht er auch vorüber. Wenn erst einmal die eisigen Winde über das Land fegen, erinnern bald nur noch ein paar trockene Blätter an das farbenfrohe Abschiedsgeschenk des Sommers.

Teamarbeit am Altenbergrain

Viele Pflanzen können durch den Sommer eine beträchtliche Biomasse aufbauen. Fast überall beherrscht üppiges Blattwerk das Bild der Natur. Am imposantesten demonstrieren uns die Gunnera-Stauden, wie mächtig sich Pflanzen im Spätsommer zur Show stellen können. Könnten sie aber nicht auf fremde Hilfe zurückgreifen, würden sie wohl kaum wegen ihrer Größe bestaunt.

Überall, wo man im Spätsommer in der Natur hinschaut, protzen Pflanzen mit satten Farben. Es sind allerdings nicht mehr die Blütenfarben, die uns bezaubern. Vielerorts sind aus den von Insekten besuchten Blüten nun stolze Früchte herangereift. Die Natur zeigt sich von ihrer großzügigsten Seite und spendet den Tieren und auch uns Menschen viele kulinarische Leckerbissen.

Stolze Größe

Gigantisch große Blätter versetzen die Besucherinnen und Besucher ins Staunen, wenn sie den Garten nach einem Aare-Spaziergang durch den unteren Eingang betreten. Bei der Grotte müsste man wohl in tiefste Gedanken versunken sein, um die stolze und robuste Chilenische Gunnera (*Gunnera tinctoria*) zu übersehen. Im Laufe der Vegetationsperiode sind die runden, fein gefalteten und gelappten Blätter bis zu einer Breite von anderthalb Meter herangewachsen. In der Mitte der runden und horstbildenden Staude ragt in stolzer Manier der konische Fruchtstand hervor. Den Früchten gingen im Frühsommer die unzähligen rötlich-grünen Blüten voraus. Ein Insektenheer war damals am Werk und sorgte dafür, dass die Blüten nicht vergebens ihr Bestes gegeben haben: Die allermeisten wurden bestäubt.

Harter Gast aus dem Süden

Nicht alle Vertreter der Gattung Gunnera haben so riesige Blätter wie die Chilenische Gunnera. Verwandte Arten sind zwar in der Form sehr ähnlich, werden aber nie so groß. Dem norwegischen Bischof und Botaniker Johann Ernst Gunnerus (1718–1773), nach dem diese Pflanzengattung benannt wird, fiel denn auch kaum die rekordverdächtige Größe auf, als er im 18. Jahrhundert viele dieser Pflanzen aus der Südhemisphäre beschrieb. Zu seiner Zeit hatte die Chilenische Gunnera den Weg von ihrer südamerikanischen Heimat nach Europa noch nicht gefunden. Erst im 19. Jahrhundert, als exotische Gewächse mehr und mehr in den botanischen Gärten kultiviert wurden, wurde sie als aufsehenerregende Besonderheit in Europa gehandelt. Der südliche Gast brachte aus seiner Heimat die Eigenschaft mit, den kalten und unwirtlichen Winter ohne Schäden zu überstehen. Aus diesem Grund ist es möglich, die winterharten Gunnera-Stauden im Garten an einem dauerhaften Platz anzusiedeln. Damit sie einen harten Winter überstehen können, ist es empfehlenswert, den Blättern im Spätherbst einen Kälteschutz aus Reisig oder Mulch zu bieten.

Essen statt Gift

Nicht nur nach Europa wurde die riesige Gunnera gebracht, sondern auch in Nordamerika fanden Gärtner Gefallen an dieser Pflanze. Aufmerksame Beobachter in Kalifornien haben jedoch festgestellt, dass *Gunnera tinctoria* aus den gepflegten Gärten problemlos ausbrechen kann und eine potenzielle Gefahr darstellt, die dort heimischen Pflanzen zu verdrängen. Ökologinnen und Ökologen erarbeiten deshalb Maßnahmen, um die Chilenische Gunnera in die Schranken zu weisen. Anstatt ein unökologisches Gift gegen ausufernde Gunneras zu verwenden, könnten die Leute aus Kalifornien eine sehr unkonventionelle Methode anwenden: Die jungen Pflanzen sind essbar: rohe, geschälte Blatt-

Die Chilenische Gunnera beeindruckt mit riesigen Blättern.

stiele schmecken lecker und werden von den Mapuche-Indianern in Chile schon seit Jahrhunderten gegessen.

Fremde Federn

Wie gelingt es dieser Pflanze, so riesengroße Blätter auszubilden? Die Erklärung ist ersichtlich, wenn man sich Querschnitte von Blattstielen unter dem Mikroskop genau anschaut: Man findet viele Kolonien einer Blaualge (*Nostoc* sp.), die im Innern des pflanzlichen Gewebes leben. Diese Blaualgen binden den für die Pflanze nicht verfügbaren Luftstickstoff. Sie liefern ihn der Pflanze und erhalten als Gegenleistung Zuckerprodukte. Das imposante Wachstum der Gunnera wird aber eigentlich erst durch die Stickstoffdüngung der Blaualgen-Partner ermöglicht.

Würde unter den Gartenpflanzen ein Streit über die Größe entbrennen, so müssten die Schiedsrichter darauf bestehen, dass sich die Chilenische Gunnera mit fremden Federn schmückt, denn die immense Blattgröße ist nicht zuletzt ein Verdienst der Blaualgen-Kolonie.

Die Amsel frisst's, den Bären trifft's

Ein immergrüner Nadelbaum mit roten «Beeren» macht im Herbst Werbung in eigener Sache. Einst galt er als heilig, dann führte man mit seinen Bögen Kriege und später rodete man ihn fast bis zur Ausrottung. Seine süßen «Beeren» sind bei Vögeln beliebt, bei Bären aber können Zweige den Tod verursachen. Die Rede ist von der Eibe.

Es war im Frühjahr 1995, als sich im Berner Bärengraben der plötzliche Todesfall einer 18 Jahre alten Bärin ereignete. Ein zweiter Bär zeigte Unruhe und Erbrechen, erholte sich aber innert weniger Stunden. Bei den Wärtern trat Ratlosigkeit auf und die Frage nach der ungewöhnlichen Todesursache stellte sich. Sie konnte geklärt werden, als man im Gehege Eibenäste fand. Das Tierspital Zürich stellte danach die Todesursache fest: Eibenvergiftung.

Eigenartiger Nadelbaum

Die Eibe (*Taxus baccata*) ist ein immergrüner Nadelbaum mit biegsamen, oberseits glänzend dunkelgrünen Nadeln. Sie gehört der Familie der Eibengewächse (*Taxaceae*) an, die mit zwanzig Arten vor allem auf der nördlichen Halbkugel verbreitet sind. Im Alter von etwa 20 Jahren beginnt die Eibe von März bis April zu blühen. Männliche und weibliche Blüten befinden sich auf verschiedenen Bäumen. Die dunklen Samen reifen im Herbst in einem erst grünen, später roten, fleischigen Samenmantel heran. Als einziger heimischer Nadelbaum trägt die Eibe keine Zapfen. Diese Besonderheit veranlasste Linné, ihr den Artnamen «baccata», also «beerentragend» zu geben, obwohl es sich morphologisch betrachtet dabei um keine Beere handelt. Auch im Holz weicht die

Nur der rote, fleischige Samenmantel ist nicht giftig.

Eibe vom Bauplan der übrigen Nadelhölzer ab, da sie keine Harzkanäle aufweist.

Der bis 18 Meter hoch werdende Baum entwickelt sich mehrstämmig, wobei die Einzelstämme später miteinander verwachsen können. Daher wird das Alter der Eiben meist erheblich überschätzt. Einige Eiben dürften dennoch ein Alter von über 1000 Jahren aufweisen.

Attraktiv und giftig

Die Eibe im Waldgarten ist ein weibliches Exemplar und dank der Samen mit ihrem saftig-schleimigen und leuchtend roten Samenmantel leicht erkennbar. Diese verleihen dem dunklen Baum einen außergewöhnlichen Schmuck. Damit werden verschiedene Vögel wie Amseln und Drosseln angelockt, die den Samenmantel mitsamt dem Samen verzehren. Nach Durchwanderung des Vogeldarms wird der Samen zusammen mit nährstoffreichem Kot als Starthilfe für die Keimung wieder ausgeschieden.

Der rote Samenmantel ist durchaus essbar und schmeckt recht süß. Nadeln, Holz und auch die Samen gelten als sehr giftig. Verantwortlich dafür ist vor allem das Alkaloid Taxin, das schon in geringer Menge tödlich wirken kann. Die Alkaloide verursachen Herz-Kreislauf-Störungen, das Taxin führt zu Lähmungen des Atemzentrums und des Herzens. Die für den Menschen tödliche Dosis liegt bei 50 bis 100 Gramm Nadeln, für Pferde braucht es die doppelte Menge. Dagegen sind Eibennadeln für Hasen und Rehe unschädlich, sie gelten sogar als Delikatesse. Bei Letzteren wirken Eibennadeln zudem stimulierend, ähnlich der Wirkung des Tabaks auf den Menschen.

Heilig und ewig

Die Giftigkeit der Eibe war schon im Altertum bekannt. So gibt Cäsar in seinem «Gallischen Krieg» an, dass sich Catuvolcus, ein keltischer Herrscher, durch das Gift der weit verbreiteten Eibe getötet habe, als die römischen Eroberer siegreich vordrangen. Das Taxin wurde bereits von den Germanen als Pfeilgift benutzt. Die Eibe war den keltischen Völkern angeblich ein heiliger Baum, den Germanen galt sie als Sinnbild für die Ewigkeit. So verwundert es nicht, dass ihr im gesamten europäischen Kulturkreis Zauberwirkung nachgesagt wurde. Der griechische Arzt Dioskurides berichtete im 1. Jahrhundert n. Chr. von den Eiben in der französischen Narbonne, die so giftig seien, dass in ihrem Schatten Ruhende oder Schlafende vergiftet würden. In Shakespeares «Macbeth» wird deutlich, dass im Baum geheime und dunkle, zukunftsdeutende Kräfte walten: «Eibenzweige, abgerissen bei des Mondes Finsternissen, werden von Hexen neben Wassermolchaugen und Eidechsenbeinen einem wahrheitskündenden Zaubergetränk beigemischt».

Ötzis Bogen

Das Holz der Eibe wurde seit jeher sehr geschätzt, da es in unseren Breitengraden eines der härtesten und schwersten und zudem sehr elastisch ist. Auch widersteht es lange der Fäulnis. So verwendeten bereits Pfahlbauer Pfahlroste aus Eibenholz und fertigten Kämme, Messer und Bögen an. Auch bei der jungsteinzeitlichen Gletschermumie Ötzi fand sich ein solcher Bogen. Eibenholz war bis zur Erfindung der Schusswaffe ein sehr geschätzter Rohstoff zur Herstellung von Bögen und Armbrüsten, diente aber auch zu anderen Schnitzarbeiten. Dies führte im Mittelalter und noch bis ins 18. Jahrhundert hinein zu einer starken Dezimierung der Bestände dieses langsamwüchsigen Baumes. Zudem wurde er wegen der Vergiftungsgefahr für das Vieh in vielen Gegenden fast ausgerottet. Heute ist die Eibe in ihrer natürlichen Verbreitung in ganz Europa selten geworden. Bei uns findet man den einst heiligen Baum im Unterholz von Laubmischwäldern, an schattigen Waldhängen und in Schluchten.

Tarnen in der Trockenheit

Scheinbar lebensfeindliche Wüsten offenbaren bei genauem Hinsehen pflanzliches Leben. Sukkulente Pflanzen vermögen der Trockenheit mit ihren Wasserspeichern zu trotzen. Diese pflanzlichen Wasserquellen stellen natürlich gesuchte Leckerbissen für die in der Wüste lebenden Tiere dar. Anders als Kakteen versuchen sich die Mittagsblumengewächse vor Fraß nicht mit Dornen zu schützen. Dies ist auch gar nicht nötig, denn mit ihrer Farbe und Form sind sie zwischen Kieselsteinen bestens getarnt.

Die Lebensbedingungen in den ganz trockenen Gebieten auf unserer Erde sind außerordentlich hart. In einem Jahr regnet es vielerorts manchmal gar nicht oder bis zu einem Fünftel der Menge von Bern. Die wenigen Niederschlagsereignisse dauern meistens sehr kurz und sind durch lange Trockenperioden voneinander getrennt. In diesen riesigen, vegetationsfeindlichen Gebieten haben die Pflanzen besondere Strategien entwickelt, um überleben zu können. Eine davon ist die Ausbildung von wasserspeichernden Organen. Die sukkulenten Pflanzen vermögen nicht nur, das wenige Wasser rasch aufzunehmen und zu speichern, sondern können auch während der langen Trockenperioden sehr sparsam damit umgehen. Für die effiziente Wasseraufnahme dient ein reich verzweigtes Wurzelsystem, das bei vielen Sukkulenten flach unter der Erde liegt und in der Lage ist, noch die geringsten Spuren an Feuchtigkeit dem Boden zu entziehen. Die Wurzeln, die Blätter und der Stamm können zur Wasserspeicherung dienen. Im Laufe der Entwicklungsgeschichte haben sich die Organe dem trockenen Klima angepasst: Sie sind dick, fleischig und saftig und somit «sukkulent». Dieses Wort entstammt dem lateinischen «succus», was gleichbedeutend ist mit Saft.

Schwitzen verboten

Die Sukkulenten haben Strategien entwickelt, um die Verdunstung in der prallen Sonne einzuschränken: Zum Beispiel wird die Zahl der Blätter reduziert. So erzeugen viele Vertreter der Familie der Mittagsblumengewächse (*Aizoaceae*) nur ein paar wasserspeichernde Blätter, die häufig größtenteils im Boden stecken.

Eine andere Methode besteht darin, die Blattfläche extrem zu verkleinern; die Blätter treten nur noch als kleine, kurzlebige und mit bloßem Auge kaum sichtbare Schüppchen in Erscheinung, so dass diese Pflanzen völlig blattlos erscheinen. Die meisten Kakteen, aber auch viele Euphorbien und Stapelieen zeigen diese Anpassung ebenfalls.

Via Fenster gelangt das Licht ins Herz der Pflanze

Südafrika nimmt unter den Florenreichen eine besondere Stellung ein. Vor 150 Millionen Jahren bildete der afrikanische Kontinent einen Teil des ehemaligen Südkontinentes Gondwanaland, auf welchem sich eine südliche Vegetation mit besonderer Prägung entwickelte. Die Südspitze, das Kapland, ist durch seine eigentümliche Pflanzenwelt berühmt. Hier wachsen beispielsweise in den Steppengebieten der Karoo viele Sukkulenten, und die Mittagsblumengewächse nehmen eine wichtige Stellung ein. Neben den Kakteen sind sie die größte Sukkulentenfamilie. Die rund 2000 beschriebenen Arten verteilen sich auf rund 150 Gattungen. Drei dieser Gattungen, die sich durch eine faszinierende Art der Anpassung profiliert haben, werden in einer Vitrine im Sukkulentenhaus präsentiert. *Lithops*, *Pleiospilos* und *Fenestraria* sind jene Gattungen, die aufgrund ihrer merkwürdigen, an Kieselsteine erinnernden Erscheinungsweise als lebende Steine bezeichnet werden. Sie bilden in jedem Jahr nur wenige sukkulente

Blätter aus. Zum Schutz vor allzu großem Wasserverlust erfolgt auch eine Verkleinerung der gesamten Blattmasse. Als zusätzlicher Schutz wird der Vegetationskörper völlig in den Erdboden verlagert, so dass nur die Endflächen der wie abgeschnitten erscheinenden Blätter aus dem Boden herausragen. Damit nun überhaupt eine Assimilation erfolgen kann, ist es zur Ausbildung von Fenstern gekommen. Im Innern der Pflanze sind Flächen angeordnet, wo Zuckerprodukte hergestellt werden. Die Blattspitze hingegen ist frei von grünem, Zucker produzierendem Gewebe. Es entsteht auf diese Weise ein Fenster, durch welches das Licht dringt und auf das grüne Gewebe trifft. Da das Licht also erst auf dem Umweg über das Wassergewebe an die Zucker produzierenden Stellen gelangt, wird die Lichtintensität abgeschwächt. Somit ist die Fensterbildung zugleich ein Schutz gegen starke Sonneneinstrahlung. Das schönste Beispiel einer solchen Fensterpflanze ist das Fensterblatt (*Fenestraria*), eine Rosettenpflanze mit kurzer Achse, der eine Anzahl keuliger, aufrechter Blätter ansitzen, die an ihrer Spitze ein milchglasartiges Fenster aufweisen. Bei *Lithops* weist das Fenster häufig ein kunstvoll angeordnetes Netz- oder Gitterwerk auf.

Mit der Tarnkappe Schutz vor Fraß

Wasserhaltige Pflanzen sind gesuchte Leckerbissen für die in der Wüste lebenden Tiere. Aus diesem Grund versuchen sie sich zu schützen. Anders als die Kakteen, die sich mit der Ausbildung von Dornen gegen Fraß wehren, haben sich einige Vertreter der Mittagsblumengewächse die Tarnung oder die Schutzanpassung ausgewählt. Die schönste Ausbildung dieser Strategie findet man gerade bei den *Lithops*- und *Pleiospilos*-Arten, die als lebende Steine bezeichnet werden. Besonders eindrücklich zeigen diese Anpassung im Sukkulentenhaus *Lithops olivacea* oder *Pleiospilos bolusii*. Diese Pflanzen haben sich in Form und Farbe dem umgebenden Gestein so stark angepasst, dass sie sich kaum von diesem abheben. Perfekter getarnt kann eine Pflanze kaum sein. Doch während der Blütezeit ist von Bescheidenheit und Tarnung keine Rede mehr! Im Spätherbst blühen die Lebenden Steine auf und präsentieren eine fantastische Blütenpracht.

Die «lebenden Steine» sind zwischen den Quarzkieseln perfekt getarnt.

Raffinierte Räuber

Wo Nährstoffe knapp sind, erfinden einige Pflanzen erstaunliche Einrichtungen, um besser gedeihen zu können. Fleischfressende Pflanzen bieten dazu ein hervorragendes Beispiel, da sie sich über ein scheinbar unverrückbares Prinzip der Natur hinweggesetzt haben: Sie sind nicht mehr Opfer, die von Tieren gefressen werden, sondern haben sich zu Tätern gemausert, die sich durch raffinierte Fallen eine Zusatznahrung erschließen konnten.

Carl von Linné, dem Vater der modernen Botanik, unterlief ein Fehler. Als ihm 1770 das erste Mal eine kolorierte Kupferplatte mit der Abbildung einer fleischfressenden Pflanze zugesandt wurde, fand er es schlichtweg unerhört, dass die Pflanze insektenfressend sei, mehr noch, er stellte lapidar fest, dies sei «gegen die gottgewollte Ordnung der Natur». Damit war der Streit um angeblich fleischfressende Pflanzen und jede wissenschaftliche Diskussion darüber für 100 Jahre erledigt. Linné zu widerlegen gelingt keinem Provinzbotaniker. Es war der revolutionäre neue Gott der Biologie, der den Angriff wagte. Charles Darwin, Begründer der Evolutionstheorie, setzte sich nicht nur mit der Abstammung des Menschen vom Affen auseinander, sondern lieferte 1875 in seinem Werk «Insectivorous Plants» auch den Beweis, dass einige Pflanzen tatsächlich in der Lage sind, Tiere zu fangen, deren Körpersubstanzen aufzulösen und die gewonnenen Nährstoffe aufzunehmen.

Klebend zum Erfolg

Heute kennen wir weltweit rund 600 Pflanzenarten, verteilt auf zehn Familien, die sich neben der Photosynthese eine zweite Nährstoffquelle in Form von Insekten und Kleintieren erschlossen haben. Die Methode des Fallenstellens variiert dabei von Pflanzenart zu Pflanzenart beträchtlich.

Einige dieser Pflanzen besitzen Drüsen oder Blätter, die durch klebrige, an Honig erinnernde Tropfen auf ihrer Oberseite Beutetiere anlocken. Der unglückliche Besucher wird durch den starken Klebstoff festgehalten und die Drüsenhaare oder die Blätter rollen sich über ihm zusammen. Ein von der Pflanze ausgesondertes Verdauungssekret beginnt sogleich mit der Auflösung der Beute, von der am Schluss nur das Außenskelett und die Flügel übrig bleiben. Die Pflanzen sind bei diesem Vorgang ziemlich wählerisch: Versuchen Sie einmal eine solche Pflanze mit einem Stück Holz oder Plastik auszutricksen. Sie werden Ihre große Mühe haben, sie nur annähernd zu einer Reaktion zu bewegen. Ganz anders aber, wenn Sie ihr ein Stück Käse oder Fleisch anbieten. Die Fleischfresser sind nämlich in der Lage, Essbares von Ungenießbarem zu unterscheiden! In diese Gruppe gehören der Sonnentau (*Drosera* sp.) und das Fettblatt (*Pinguicula* sp.), zwei einheimische Vertreter, die in Sumpfgebieten und Mooren zu finden sind.

Saugfallen

Eine andere, im Wasser lebende Gruppe hat sich der nassen Umgebung angepasst. So besitzt zum Beispiel der Gemeine Wasserschlauch (*Utricularia vulgaris*) einen faszinierenden Fangmechanismus. In den Blattachseln befinden sich kleine, blasenförmige Anhängsel, die mit einem Deckel verschlossen sind. Berührt nun ein Kleinstlebewesen die Sinneshaare vor der Öffnung, springt die Klappe blitzartig nach innen auf und das Wasser wird mit der Beute in den unter Unterdruck stehenden Innenraum hineingesogen. Sofort beginnen die Verdauungssäfte das gefangene Lebewesen aufzulösen und zu verspeisen.

Todsichere Kannenfallen

Andere Fleischfresser wiederum haben einen offenen Magen entwickelt, um die Nahrung zu verdauen. Zu ihnen gehören die Kannenpflanzen (*Nepenthes* sp.), eine tropische Pflanzengattung der Alten Welt mit rund 100 Arten. Im Orchideenhaus gedeiht die stattliche *Nepenthes alata*, die bis zu 20 Zentimeter lange Kannen ausbildet. Die Kannen, welche fälschlich oft als die Blüten der Pflanze angesehen werden, sind nichts anderes als die stark umgewandelten Enden der Blätter. Sie bestehen aus einem becherartigen Behälter, der zur Hälfte mit Wasser und Verdauungssäften gefüllt ist. Über dem Becher ist ein farbiges Dach angebracht. Es hält den Regen von der Falle fern, damit diese nicht gefüllt oder die Flüssigkeit verdünnt wird. Ein Insekt, das durch den farbigen Deckel, die Nektarquellen am Becherrand und die betörenden Düfte angelockt wird, rutscht auf dem wachsüberzogenen, glatten Rand aus und fällt in die Flüssigkeit des Bechers. Hier gibt es kein Entrinnen mehr, denn die Innenwände der Kanne sind mit einer völlig glatten Wachsschicht überzogen. Das Opfer ertrinkt und wird aufgelöst. Diese «Verdauung» dauert bei einer Mücke wenige Stunden, während für eine Stubenfliege bis zu zwei Tage benötigt werden.

Die umgeformten Blätter der Nepenthes: ein Tor ohne Wiederkehr

Räuber werden beraubt

Dank der erfolgreichen Strategie der insektenfressenden Pflanzen werden viele verschiedene Beutetiere angelockt. Dabei ist es nicht überraschend, dass die oft reich gefüllten Fallen auch von Dieben und Mitessern aufgesucht werden. In den Kannenpflanzen hat man Spinnen, Milben, Kleinkrebse und Maden entdeckt, die sich unbeeindruckt und unbeschadet von den Verdauungssäften vom gedeckten Tisch bedienen – ja, einige verbringen sogar ihr ganzes Leben in den Kannen!

Eine andere Tatsache bringt uns ebenfalls zum Staunen: Die Kannen einer auf Borneo lebenden Art sind so groß, dass sie bis zu zwei Liter Flüssigkeit fassen können. Zudem wird die Kannenflüssigkeit einiger Arten von Menschen als Getränk genossen. Die Geschmacksbeschreibungen reichen von «wohlschmeckend» bis «moderig». Hier wird denn auch der griechische Name verständlich. *Nepenthes* bedeutet sorgenfrei, kummerstillend und bezieht sich auf einen von Homer und Plinius beschriebenen Kannensaft, der als Getränk mit betäubender Wirkung in dieser Weise wirken soll. Linné hat der Gattung daher diesen Namen gegeben, weil das klare, süße Wasser der Kannen den durstigen Menschen Stärkung geboten hat.

Unter Zedern gehen

Möbel, Schiffe, Paläste oder gar Särge wurden aus Zedernholz hergestellt. Es war wegen seiner hervorragenden physikalischen Eigenschaften, seiner ansprechenden Farbe und seines angenehmen Geruchs zu allen Zeiten begehrt und wertvoll. Der Rohstoff stammt von Zedern, welche auch im Botanischen Garten wachsen.

Als typische Nadelhölzer zählen die immergrünen Zedern (*Cedrus* sp.) zu den Kiefergewächsen (*Pinaceae*). Bei ihnen stehen wie bei der Lärche viele Blattnadeln in einem Büschel zusammen. Allen Zedern ist gemeinsam, dass sie im Gegensatz zu den übrigen Nadelgehölzen erst im Herbst blühen. Im deutschen Sprachgebrauch wird der Name «Zeder» auch für Bäume verwendet, deren Holz ähnliche Eigenschaften wie das echte Zedernholz aufweist. Es handelt sich dabei aber nicht um wirkliche Zedern, sondern häufig um Zypressengewächse (*Cupressaceae*), wie beispielsweise die Weihrauchzedern (*Calocedrus* sp.). Insgesamt gibt es vier echte Zedernarten, und sie alle wachsen im Botanischen Garten.

Bei den Zedern des Libanon

Die Libanon-Zeder (*Cedrus libani*), welche die libanesische Flagge ziert, stammt aus Kleinasien und dem Libanon. Für die alten Assyrer, Ägypter, Babylonier und Judäer symbolisierten die mächtigen Bäume Stärke und Würde. Das harte, würzig duftende Zedernholz war bei vielen Völkern des Altertums sehr begehrt. Die Phönizier, welche entlang der Küste des heutigen Libanon siedelten, bauten ihre Paläste und Schiffe aus dem fast unverwüstlichen, gegen Fäulnis und Schädlinge resistenten Holz. Ihre Stellung als dominierende See- und Handelsmacht verdankten sie nicht zuletzt den Zedern, deren Holz sie nach Mesopotamien und Ägypten exportierten. Die Ägypter stellten die Särge der Pharaonen aus Zedernholz her und balsamierten die Toten mit Zedernöl ein. Auch in unserer Zeit wird das braunrote Holz mit dem angenehmen Geruch als hochwertiges Bau- und Möbelholz sehr geschätzt.

Die riesigen Zedernwälder, welche einst weite Teile des Libanon bedeckten, sind heute infolge des an ihnen verübten Raubbaus fast verschwunden. Es blieben nur einige kümmerliche Reste zurück, wie zum Beispiel der heilige Zedernhain in der Nähe des Dorfes Bechare im Kadichatal.

Die Libanon-Zeder kann ein Alter von bis zu 1000 Jahren erreichen und bis 40 Meter hoch werden. Der Baum im Arboretum wurde 1960 aus Samen gezogen und weist vorläufig noch einen tannenartigen Wuchs auf. Erst mit zunehmendem Alter wird er die für die Libanon-Zeder so typische unregelmäßige, schirmartige Baumkrone ausbilden.

Zähe Zeder aus dem Atlas

Die Atlas-Zeder (*Cedrus atlantica*) hat – der Name verrät es – ihren Ursprung in den bewaldeten Gebieten des Atlasgebirges von Marokko und Algerien, wo sie immer noch große Flächen bedeckt. Sie wird bis zu 50 Meter hoch und bildet im Gegensatz zur Libanon-Zeder im hohen Alter keine schirmförmige Kronenform aus. Die Zapfen sind kleiner und die Nadeln kürzer als bei der großen Schwester aus dem Libanon. In Kultur gilt die Atlas-Zeder in Mitteleuropa als die widerstandsfähigste Zedernart und existiert in zahlreichen Gartenformen. Beim Baum im Waldgarten handelt es sich um eine blaue Form der rund 140 Jahre alten Atlas-Zeder.

Himalaya und Zypern

Eine stattliche Greisin ähnlichen Alters steht im Asien-Bereich: die Himalaya-Zeder (*Cedrus deodara*). Ihre Heimat liegt im westlichen Himalaya; dort ist sie von Afghanistan über Kaschmir bis zum Quellgebiet des Ganges verbreitet. Unter opti-

Auf Libanons Flagge und im Botanischen Garten: die Libanon-Zeder

malen Bedingungen erreicht sie eine Höhe von 60 Metern. Charakteristisch ist ihr Erscheinungsbild mit dem stockwerkartigen Kronenaufbau und den waagrecht ansetzenden Ästen.

Die Verbreitung der Zypern-Zeder (*Cedrus brevifolia*), die neben der Libanon-Zeder wächst, beschränkt sich in Natur auf ein kleines Gebiet des Troodusgebirges auf Zypern. Sie unterscheidet sich von den übrigen Zedernarten deutlich durch ihre sehr kurzen Nadeln und ihre kleinere, nur bis zu 12 Meter reichende Wuchshöhe. Sie bildet im Alter wie die Libanon-Zeder eine schirmförmige Krone aus.

Trotz der Beliebtheit ihres Holzes ist zu hoffen, dass sich alle vier Zedernarten auch in Zukunft an ihren natürlichen Arealen behaupten können. Es wäre jammerschade, wenn diese imposanten Nadelhölzer nur noch in Parkanlagen und Botanischen Gärten zu bestaunen wären.

Balsam für die Seele

An trüben Frühwintertagen möchte man manchmal alles hinter sich lassen und in die Wärme und die Farben der Tropen entfliehen. Etwas näher liegt das Palmenhaus, eine kleine tropische Oase mitten in Bern. Hier gibt es auch eine Pflanze, die den grauen November etwas aufheitert.

Sie werden lange durch kalte Straßen geirrt sein; das späte Licht des Novembertages wird der immer größeren Nacht Platz gemacht haben. Vielleicht werden Sie in der Abenddämmerung den Botanischen Garten durchquert haben, wo im Spätherbst die letzten bunten Blätter verglüht sind. Es wird kalt sein. Und wie ein grauer Falter werden Sie vom Licht der Schauhäuser angezogen werden. Langsam werden Sie die große, schwere Tür aufstoßen. Und dann werden Sie einen Moment innehalten.

Saftiges Grün wird Sie umgeben, in einer Üppigkeit und Mannigfaltigkeit, wie Sie es sich nicht gewohnt sind. Vor allem nicht im November. Und es wird wohlig warm sein. Sie werden eintauchen in eine Welt, die so ruhig, vielfältig und wohltuend ist, dass Sie sie nicht mehr verlassen wollen. Balsam für Ihre Seele.

Im Reich des Balsamapfels

Im Palmenhaus ist die Luft schwer und warm. Hier gedeihen Pflanzen, die wir zum Beispiel im Tieflandregenwald des Amazonasbeckens finden. Hier blüht die ungewöhnliche Goethea (*Goethea strictiflora*) mit ihren seltsamen, leuchtend roten Stammblüten, hier bilden sich die bizarren Sternfrüchte der Karambole (*Averrhoa carambola*), die uns an die bevorstehende Weihnachtszeit erinnert, und hier bedecken die riesigen Blätter der Seerose von Santa Cruz (*Victoria cruziana*) die Teichoberfläche. Ganz im Herzen dieses Schauhauses blühen und fruchten zwei Schlingpflanzen, welche sowohl durch die schönen Blüten als auch durch die rätselhaften Früchte bestechen: die Balsambirne (*Momordica charantia*) und der Balsamapfel (*Momordica balsamina*). Weder mit Äpfeln noch mit Birnen haben diese Kletterpflanzen – zumindest aus botanischer Sicht– etwas zu tun. Auch lädt die warzige, furchige Oberfläche der kinderfaustgroßen Früchte selbst die wagemutigsten Obstliebhaber kaum zum Reinbeißen ein. Vielleicht ist es nicht zuletzt die paradiesische Umgebung, welche an einen Apfel denken lässt, und mit etwas Vorstellungskraft sieht man dann auch noch gleich die Schlange, welche sich durch die dekorativen Blätter des Balsamapfels windet …

Ausgefallener als Kürbissuppe

Was sich da so schön durch den Tropenwald windet, ist ein Kürbisgewächs. Nach der orangefarbenen Kürbisflut im Herbst ist es sicher an der Zeit, darauf hinzuweisen, dass Kürbisgewächse (*Cucurbitaceae*) mehr zu bieten haben als die allgegenwärtigen Fratzengesichter. Die Vielfalt dieser Familie, die rund 775 Mitglieder zählt, ist erstaunlich und ganz besonders in den Tropen ausgeprägt. Dort winden sich diese Pflanzen meist hoch in die Baumwipfel hinauf, auf der stetigen Suche nach genügend Licht. Balsambirnen und Balsamäpfel können heute überall in den feuchtheißen Gebieten gefunden werden. Bei der Balsambirne nimmt man an, dass ihr Ursprung in Indien liegt und dass sie wegen ihrer Beliebtheit als Gemüse schon seit alten Zeiten überall in den Tropen verbreitet wurde. Die jungen Früchte der Balsambirne können gekocht gegessen oder aber zu Chutneys verarbeitet werden. Im Geschmack sind sie bitter, vielleicht für den durchschnittlichen europäischen Gaumen gar etwas zu bitter, so dass man sich erst etwas daran gewöhnen muss. Auch der Tee, welcher aus den Blättern gemacht wird, ist sehr bitter. Wer aber an Zuckerkrankheit leidet, tut gut daran, regelmäßig ein Tässchen Balsambirnentee zu trinken.

Die zwei Gesichter des Balsamapfels

Der Balsamapfel war ursprünglich wohl von Indien bis Afrika beheimatet. Da er seit jeher eine beliebte Nahrungspflanze der armen Bevölkerung darstellte, wurde er besonders zur düsteren Zeit der Sklaventransporte mit den Menschen in die ganze Welt verfrachtet. In gewissen Regionen soll er auch im grünen und unreifen Zustand als beliebtes Gemüse geschätzt sein. Ganz unterschiedlich sind die Angaben zu der roten Gallerte, welche die Samen umhüllt. Die einen rühmen sie als ausgezeichnete, süße Delikatesse, andere wiederum warnen vor ihrer großen Giftigkeit. Aber eigentlich sind die Früchte ohnehin zu dekorativ, um verschlungen zu werden – und diejenigen im Palmenhaus schon gar nicht! Viel besser ist es doch, den Anblick der leuchtenden Blüten und Früchte, die beide gleichzeitig erscheinen, zu genießen und dabei von den fernen Tropen zu träumen.

Tut an einem grauen Spätherbsttag gut: das Gelb der Balsambirnen-Blüte

Der erste Schnee fällt behutsam nieder und hüllt den Botanischen Garten in strahlendes Weiß. Für die Pflanzen in den Freilandanlagen ist dies kein Problem, da die meisten in ihrer Winterruhe verharren. Trotz der eisigen Winterkälte schmücken einige immergrüne Sträucher und Bäume die offene Gartenlandschaft. In einem intensiven Rot leuchten die Früchte der Stechpalme. Aber auch die weißlichen Beeren der Mistel locken verschiedene Vögel an. Und mitten im Winter beginnen schon die ersten Zaubernussgewächse zu blühen!

In den feucht-warmen Schauhäusern gedeiht es indes üppig. Die Pflanzen genießen sichtlich ihren privilegierten Lebensraum und ein Besuch ist auch für uns sehr erwärmend. Im Palmenhaus präsentieren die Bananenstauden nebst ihren riesigen Blättern ihre krummen Früchte, und am Kakaobaum blühen unzählige winzige, weiße Blüten, aus denen sich die schokoladenfarbenen Früchte entwickeln. Gar anmutig sind die signalroten Blüten der Helikonie; da fehlen nur noch die schwebenden Kolibris, welche diese bezaubernden Gebilde bestäuben könnten. Ständig entdeckt man neue Formen und Farben, wie im richtigen Dschungel eben. Auch im Farnhaus treiben es die Pflanzen der tropischen Gebirge und Savannen bunt. Orchideen überraschen uns mit ihren eigenwilligen Blüten, farbig leuchtende Epiphyten wachsen in den obersten Baumwipfeln und altertümliche Palmfarne stehen neben imposanten Baumfarnen, ein Anblick wie aus vergessenen Zeiten. Da lässt es sich verweilen, vielleicht im Palmencafé neben dem Kaffeestrauch, mit einem Becher Kaffee in der Hand. Das Sukkulentenhaus mit seinem warmen und trockenen Klima verführt uns auf eine Reise in die verschiedensten Wüstengebiete von Amerika bis Afrika. Dornige Kakteen, stachlige Wolfsmilchgewächse, gelbrot blühende Aloen oder sogar als lebende Steine getarnte Pflanzen finden sich neben anderen bizarren Gewächsen und lassen uns vergessen, dass eigentlich Winter ist.

Dinosaurierfutter

Sie haben eine lange gemeinsame Geschichte hinter sich, die Palmfarne und die Dinosaurier, doch nur die urtümlichen Pflanzen überlebten und besiedeln noch heute die Erde als «lebende Fossilien».

Vor rund 250 Millionen Jahren erschienen die Palmfarngewächse auf unserer Erde und kurz danach die Dinosaurier. Während sich die Dinosaurier schnell zu den dominierenden Tieren auf dem Lande entwickelten, spielten die Palmfarne nie eine solch wichtige Rolle im Pflanzenreich. Sie stellten jedoch eine prominente Komponente der Vegetation dar und dienten den Pflanzenfressern als wichtige Nahrungsressource, unter anderem auch den Dinosauriern. Doch diese wurden die Opfer einer gigantischen Naturkatastrophe, die sich vor 65 Millionen Jahren ereignete, als ein Meteorit auf der Erde einschlug und die Welt in eine lang anhaltende Dunkelheit hüllte. Die Folgen waren fatal, viele Pflanzen- und Tierarten starben aus, unter anderem auch die urtümlichen Dinosaurier. Diese verschwanden damit für immer von unserem Planeten, nur ihre gefiederten Nachfahren, die Vögel, leben heute noch. Die Palmfarne dagegen überlebten diese Katastrophe ohne größere Verluste und kommen noch heute als «lebende Fossilien» in den Tropen und Subtropen vor.

Verwandt mit den Nadelgehölzen

In systematischer Hinsicht nehmen die Palmfarne eine wichtige Übergangsstellung zwischen den Nadelhölzern und den eigentlichen Blütenpflanzen ein. Sie stehen somit botanisch gesehen weder mit den Palmen noch mit den Farnen in engerer Beziehung und verdanken ihren Namen lediglich ihrem Aussehen, das bei den grösseren Formen an Palmen erinnert. Ihre nächsten Verwandten sind die Nadelgehölze. Botaniker teilen die Palmfarne in vier verschiedene Familien ein, dabei spielen vor allem die Cycadeen (*Cycadaceae*) mit 17 Arten und die Zamien-Gewächse (*Zamiaceae*) mit 125 Arten eine bedeutende Rolle.

Männliche und weibliche Pflanzen

Der Palmfarn weist einen kräftigen, meist unverzweigten und oft kurzen Stamm auf. Er trägt oben einen Schopf mit großen, gefiederten und farnwedelartigen Laubblättern. Diese sind meist sehr robust und ledrig und deuten auf eine Toleranz gegen Trockenheit hin. Alle Palmfarne sind getrenntgeschlechtlich, das heißt, es gibt männliche und weibliche Pflanzen.

Bei den Zamien-Gewächsen haben die Pflanzen beider Geschlechter zapfenförmige Blütenstände und die Staub- und Fruchtblätter sind jeweils in der Mitte des Blattschopfes angeordnet. Ein männliches Exemplar eines Mexikanischen Palmfarns (*Dioon edule*) befindet sich im Farnhaus und präsentiert einen ansehnlichen Zapfen. An ihren natürlichen Standorten in Mexiko können Mexikanische Palmfarne ein Alter von bis zu 1000 Jahren erreichen. Ein weiteres Mitglied dieser Familie wächst im Sukkulentenhaus: der Struppige Brotpalmfarn (*Encephalartos horridus*). Seine großen, dicht übereinander liegenden blau-grünen Blätter und die messerscharfen Stacheln machen ihn unverkennbar. In seiner Heimat Südafrika gilt er als eine stark bedrohte Art und gehört auf die Liste der geschützten Pflanzen. Ein Schicksal, welches etliche Palmfarne teilen, da viele nur ein kleines natürliches Verbreitungsgebiet aufweisen und zudem als Sammelpflanzen begehrt sind.

In der Familie der Cycadeen haben nur die männlichen Pflanzen zapfenförmige Blütenstände. Die weiblichen weisen umgeformte Blätter auf, die in einem Kranz an der Spitze des Stammes gebildet werden; an den Rändern dieser fertilen Blätter

Männliche, zapfenförmige Blütenstände des Mexikanischen Palmfarns

stehen einzelne Samenanlagen. Nach der Befruchtung bilden sich dann die Samen am Rand dieser Blätter. Im Farnhaus befinden sich besonders stattliche Exemplare des Japanischen Palmfarns (*Cycas revoluta*) und des Eingerollten Palmfarns (*Cycas circinalis*). Beide sind in Südostasien heimisch und werden als robuste Zierpflanzen auch in Europa angeboten.

Giftig und trotzdem essbar

Doch aufgepasst, Palmfarne sind giftig. In Kambodscha werden die zerquetschten Samen des Eingerollten Palmfarns als Lähmungsgift zum Fischfang eingesetzt. Trotz dieser Giftigkeit werden die Palmfarne seit langer Zeit in verschiedenen Kulturen als Nahrungsquelle genutzt. So entwickelten die Aborigines, die Ureinwohner Australiens, schon vor 13 000 Jahren Techniken, um die Pflanzen zuzubereiten. Die dicken Stämme liefern ein stärkereiches Mark, das als Sago-Stärke benutzt wird. Auch die bis hühnereigroßen Samen sind sehr stärkereich, aber eben giftig. Daher müssen sie vor dem Verzehr behandelt werden. Je nach Kultur entwickelten die Menschen dabei verschiedene Möglichkeiten. So werden die Samen auf den Fidschiinseln gekocht, auf den Andamaninseln geröstet, in Sri Lanka in Scheiben geschnitten und sonnengetrocknet und in Java zerstampft und dann ebenfalls an der Sonne getrocknet.

Im Garten sind verschiedenste Arten der Palmfarne vertreten. Ihre Samen werden weder getrocknet, gekocht, geröstet noch sonst irgendwie zubereitet, sondern nur mit den Augen genossen.

Strengstens bewachte Pflanzen

Wo man im tropischen Regenwald auch hinsieht, überall trifft man auf Ameisen: im Unterholz, unter gestürzten Bäumen und auf den Pflanzen selbst. Einige dieser Gewächse sind mit den Ameisen Lebensgemeinschaften eingegangen.

Klopft man im Dschungel vorsichtig an den Stamm eines Ameisenbaums, stürzen sich Heerscharen kleiner Azteca-Ameisen aus seinem Innern, bereit, den Baum zu verteidigen. Die Angriffe der Ameisen sind sehr schmerzhaft, so dass man es vorziehen wird, den Ameisenbäumen nicht zu nahe zu treten. Das gilt nicht nur für den Menschen, sondern noch viel mehr für Insekten, die den Baum schädigen könnten, oder für blattfressende Säugetiere. Aber auch den Schlingpflanzen und Lianen, die dem Ameisenbaum zu nahe kommen, werden die Triebspitzen abgebissen. Dies verhilft dem Baum zu schnellem Wachstum und hoher Konkurrenzfähigkeit im Kampf um einen Platz an der Sonne im dichten Dschungel.

Ameisen statt Brennhaare

Die schirmförmigen Kronen der Ameisenbäume (*Cecropia peltata*) findet man in den Regenwäldern Mittel- und Südamerikas. Die schnellwüchsigen Besiedler von

Die Stachelige Ameisenknolle bildet an der Basis eine Knolle, in der Ameisen leben.

Lichtungen und Flussufern sind nahe Verwandte der Brennnesseln. Den Ameisenbäumen fehlen jedoch Brennhaare, sie werden dafür durch die nicht minder wirksamen und angriffigen Azteca-Ameisen geschützt. Ihre Stämme und Äste sind ähnlich wie beim Bambus in Abschnitte gekammert. In diesen Kammern, welche durch kleine, kreisförmige Öffnungen verbunden sind, leben die kleinen Ameisen. Ihnen bietet der Ameisenbaum allerdings mehr als nur Wohnräume an. Sie benutzen einerseits die Kammern zur Aufzucht ihrer Larven, die sie mit den Zuckerausscheidungen pflanzensaugender Insekten füttern, andererseits versorgen proteinhaltige Auswüchse an der Basis der Blattstiele die Ameisen mit Nahrung. Solche hochentwickelten und besonders engen Beziehungen zwischen Pflanzen und Ameisen finden sich ausschließlich in den Tropen.

Ausscheidungen als Gastgeschenk

Im Orchideenhaus gedeiht eine andere Ameisenpflanze: die Stachelige Ameisenknolle (*Myrmecodia echinata*). Ihre Heimat sind die Regenwälder Südostasiens. Ihre Lebensform ist epiphytisch, das heißt, sie wächst auf anderen Pflanzen und braucht keine eigene Wurzelverbindung zum Waldboden. Die Ameisenknolle klammert sich mit ihren Wurzeln an Bäumen fest und bildet an der Basis eine große Knolle. Im Innern dieser Knolle befindet sich ein Höhlensystem, in welchem eine Ameisenkolonie lebt. Mit der Knolle bietet die Pflanze ihren Gästen eine perfekt auf deren Bedürfnisse ausgerichtete Wohnung an, so dass sich die Insekten den aufwändigen Bau einer eigenen Unterkunft sparen können. Doch damit nicht genug, die Ameisenknolle produziert für ihre Partner an ihrem Stängel kleine Tröpfchen zuckerhaltiger Flüssigkeiten.

Die Ameisen ihrerseits stellen ihre Wirtspflanze und somit auch ihr eigenes Zuhause unter sicheren Schutz vor Fressfeinden. Zudem sammeln sich in einigen Hohlräumen der Knolle die Ausscheidungen der Tiere an, welche Stickstoffverbindungen in hohen Konzentrationen enthalten – für die Pflanze ein willkommenes Reservoir an Nährstoffen. In anderen Räumen legen die Ameisen Vorräte an, die ebenfalls Nährstoffe enthalten.

Auf diese hat es die Ameisenknolle abgesehen: Indem sie im Innern der Knolle feine Wurzeln in die Insektenabfälle und Vorratskammern aussendet, kann sie die anfallenden Substanzen nutzen. Zwar ist die Pflanze auch in der Lage, ohne eine solche Versorgung zu existieren, doch wächst sie mit Hilfe dieses Düngers schneller und wird wesentlich kräftiger.

Hohle Dornen für die Beschützerinnen

Im Farnhaus gedeiht nebst dem Ameisenbaum eine weitere Ameisenpflanze: die Kugelköpfige Akazie (*Acacia sphaerocephala*). Auffallend sind ihre mächtigen, angeschwollenen Dornen am Stamm. Diese sind hohl und werden von der Pflanze den Ameisen als Nistplätze zur Verfügung gestellt. An den Spitzen der feinen Fiederblättchen produziert die Akazie eiweißreiche Zellkörper, welche den Insekten als Nahrungsquelle dienen. Als Gegenleistung bekämpfen die unerschrockenen Ameisen jegliche blattfressenden Insekten und zerstören Pflanzen im Umkreis der Akazie, die dadurch genügend Freiraum zum Wachsen erhält.

Gärtner statt Ameisen

Tropische Ameisen fehlen in den Schauhäusern. Die Ameisenpflanzen werden hier nicht von den angriffigen Tierchen beschützt, sondern von den Gärtnern so gepflegt, dass die Pflanzen auf ihre natürlichen Partner verzichten können. Doch aufgepasst bei Berührungen: Man weiß nie, was sich im Innern einer Ameisenpflanze verbirgt!

Der tropische Aronstab in der warmen Stube

Während in unserer kalten Winterzeit die Pflanzen draußen ihre wohlverdiente Ruhepause einlegen, lenken die Zimmerpflanzen aus den tropischen Gefilden die ganze Aufmerksamkeit auf sich. Dabei kommt den Aronstabgewächsen eine ganz spezielle Rolle zu, da sie sehr anspruchslos sind und sich in den warmen Stuben voll entfalten können.

Die ersten urkundlich belegten Gärten entstanden in China um das Jahr 3000 v. Chr. Auch von den Ägyptern wissen wir, dass die Pyramiden, die heute in kahler Wüste stehen, einst von umfangreichen Gartenanlagen umgeben waren. Seit langer Zeit hat sich also der Mensch mit dem Anbau von Pflanzen befasst, teils der Nahrung und anderer lebensnotwendiger Produkte wegen, teils aus Freude an ihrer schönen Erscheinung. Die Zimmerpflanzenhaltung hat ebenfalls in den alten Kulturen des Ostens ihren Ursprung. Doch erst in der Zeit der großen Expeditionen des 18. und 19. Jahrhunderts fand eine große Zahl immergrüner Tropengewächse ihren Weg in unsere Wohnungen. Schon damals waren die Aronstabgewächse sehr beliebt, und sie haben seither ihren festen Platz an unseren Fensterbänken.

Das Wesen der Aronstabgewächse

Die große Familie der Aronstabgewächse (*Araceae*) mit ihren rund 3200 Arten ist vor allem in den Tropen verbreitet. Nur wenige sind in unseren gemäßigten Zonen vertreten, zum Beispiel der Gefleckte Aronstab (*Arum maculatum*). Ihre Erscheinung kann sehr unterschiedlich sein. So sind zwar die meisten krautig und haben oberirdische Stängel, unterirdische Knollen oder Rhizome, aber daneben finden sich noch Lianen (Kletterpflanzen), Epiphyten (Baumaufsitzer) und sogar schwimmende Wasserpflanzen. Trotz dieser Formenvielfalt ist der Blütenstand kennzeichnend für die Familie. Er besteht aus einem Kolben mit zahlreichen kleinen Blüten und einem großen, oft auffälligen Hüllblatt, welches den Kolben meist umhüllt. Die Blütenstände vieler Aronstabgewächse verströmen einen ekelerregenden Geruch, der Aasfliegen und andere Bestäuberinsekten anlockt.

Dekorative Blätter

Im Palmenhaus fallen die vielen großflächigen und sehr dekorativen Blätter verschiedener Aronstabgewächse auf. Hierbei nimmt der Baumfreund (*Philodendron erubescens*) mit seinen unterschiedlichen Wuchsformen eine besondere Stellung ein. Die Bodenform dieser Art kann dank großer Blätter auch mit sehr wenig Licht auskommen, deshalb gedeiht sie auch in nicht sehr hellen Zimmern. Die Lianenform strebt dem Licht entgegen und klettert an einer Stützpflanze in die Höhe. Mit besonderen Haftwurzeln hält sie sich dabei fest. Oben fixiert, wachsen Nährwurzeln nach unten, verankern sich im Boden und versorgen die Pflanze mit Nahrung und Wasser. Die Epiphytenform braucht keine Verbindung zum Boden. Sie kann genügend Wasser und Nährstoffe aus der Luft und aus Humuspolstern auf dem Stützbaum aufnehmen.

Mit seinen großen, bis einen Meter langen, tief eingeschnittenen und dekorativ durchbrochenen Blättern ist das Fensterblatt (*Monstera friedrichsthalii*) unverwechselbar. Es wird angenommen, dass diese «gelochten» Blätter gegen Sturm und tropische Platzregen widerstandsfähiger sind. Ältere Pflanzen entwickeln dicke, von einem weißen Hüllblatt umgebene Blütenkolben mit kurzlebigen, winzigen Blüten und köstlich schmeckenden

Beeren. Von deren Genuss wird aber abgeraten, da sie nach einiger Zeit ein scharfes Brennen im Mund bewirken.

Knollen zum Essen

Im Palmenhaus gedeihen zwei weitere Vertreter der Aronstabgewächse, welche von beträchtlicher wirtschaftlicher Bedeutung sind. Taro (*Colocasia esculenta*), asiatischen Ursprungs, und Tania (*Xanthosoma nigrum*) aus Südamerika werden wegen ihrer stärkereichen Knollen vor allem als Grundnahrungsmittel angebaut. Die bis zu vier Kilo schweren Knollen enthalten giftige Kalziumoxalat-Kristalle, die zuerst durch Kochen oder Braten zerstört werden müssen. Da die Stärkekörner klein und leicht verdaulich sind, eignen sie sich gut als Nahrung für Säuglinge und Kranke.

Samtiger Wassersalat

Eine bekannte Schwimmpflanze der Familie, der Wassersalat (*Pistia stratiotes*), wird oft als Schweinefutter genutzt. In seiner Wuchsform unterscheidet er sich stark von den anderen Arten. Die hellen, samtartigen Blattrosetten weisen einen dichten, wasserabstoßenden Haarpelz auf und ähneln einem jungen Kopfsalat. Sein Ursprungsgebiet ist nicht klar lokalisierbar, man nimmt aber an, dass er aus der Gegend des ostafrikanischen Viktoriasees stammt. Heute ist der Wassersalat über die ganzen Tropen verbreitet. Die Vermehrung kann durch Ausläufer erfolgen. Diese Strategie führt in den offenen tropischen Gewässern oftmals zu einer extremen Ausbreitung: Der Wassersalat kann ganze Gewässer völlig bedecken und somit die natürliche Artenzusammensetzung stark beeinträchtigen. Im Teich des Palmenhauses wird dies durch das Gartenpersonal und die Schildkröten unterbunden.

Wenn Sie nun das Gefühl haben, Ihre Wohnung sei etwas schattig und für Pflanzen ungeeignet, können Ihnen vielleicht einige Vertreter der Aronstabgewächse Abhilfe schaffen. Ist Ihre Wohnung hingegen auch noch eng und kalt, so wird doch nichts aus dieser Begrünung. Dafür lassen sich die Aronstabgewächse in den Gewächshäusern bestens bestaunen.

Der Wassersalat hat eine wasserabstossende Blattoberfläche.

Ohne Gummi keine Autos

Kein natürlicher Rohstoff blickt auf eine so wechselhafte Geschichte zurück wie der Kautschuk. Sein Anbau erlebte einen märchenhaften Aufschwung, aber auch existenzvernichtende Katastrophen. Die gewaltige Entwicklung der Automobilindustrie wäre ohne die Verwendung des Rohgummis bei der Fahrzeugbereifung nicht möglich gewesen. Gewonnen wird der Gummi vom Kautschukbaum. Ein Exemplar gedeiht im Palmenhaus.

Nach der Entdeckung Amerikas lernten die Spanier bei den Indianern, wie sie mit Gummi Boote abdichten oder hüpfende Bälle herstellen konnten, die weit höher sprangen als die in Europa bekannten. Die Bälle wurden aus einem Milchsaft - hergestellt, der vom Kautschukbaum (*Hevea brasiliensis*) gewonnen wurde. Dieser Baum stammte aus dem Regenwald des Amazonasgebietes. Die Indianer nannten die Kautschukpflanze «Cahuchu», was weinende Bäume bedeutet. Daraus leitet sich die deutsche Bezeichnung Kautschuk ab.

Ein Gummizapfer aus dem Amazonasgebiet

Gummiboom im Amazonas

Als die ersten Gummistücke nach Europa mitgebracht wurden, betrachtete man sie als Kuriosität. Der Rohgummi wurde in der Kälte hart und spröde, in der Wärme aber weich und klebrig. Die entscheidende Voraussetzung für die technische Nutzung von Rohkautschuk gelang 1839 Charles Goodyear. Er entwickelte das Vulkanisierungsverfahren, bei welchem dem erhitzten Rohgummi Schwefel zugesetzt und somit die dauerhafte Elastizität verliehen werden konnte. Dank diesem neuen Verfahren erlebte der Kautschukbedarf einen legendären Aufschwung. Man schätzt, dass bis zu 50 000 verschiedene Produkte, vom Radiergummi bis zum Isolierkabel, aus Kautschuk produziert wurden. Doch vor allem die Erfindung der Luftbereifung bei Fahrrädern und Autos machte den Kautschuk für die Entwicklung der Automobilindustrie unersetzlich. Zunächst lieferten die im Amazonasbecken wild wachsenden Bäume den Rohgummi. Der rasch ansteigende Bedarf löste einen Gummiboom ungekannten Ausmaßes aus. Für Gummi ließen sich horrende Preise erzielen. Als Symbol für den Überfluss entstand in der Stadt Manaus, am Amazonas und mitten im Dschungel gelegen, ein imposantes Opernhaus. Der Prachtbau zog die besten Opernsänger aus dem fernen Europa an und brachte der Stadt großen Ruhm. Sogar der Teerboden des Vorplatzes wurde mit Gummi angereichert, um den Lärm der verspätet zur Opernaufführung ankommenden Kutschen zu dämpfen.

18 Pflanzen überlebten

Doch zugleich setzte eine rücksichtslose Ausbeutung der Wildbestände ein. Um den Weltbedarf zu decken und das Monopol Brasiliens zu stürzen, wurden Plantagen im tropischen Asien geplant. Im Auftrag der Königlichen Gärten von Kew in England sammelte Henry Wickham 1876 etwa 70 000 Kautschukbaum-Samen im Amazonasgebiet und brachte sie in die Kew Gardens. Doch nur 2800 Keimlinge entwickelten sich und wurden als kleine Pflanzen in die britischen Kolonien nach Ceylon und Singapur verschickt. 18 Pflanzen überlebten und wuchsen schnell heran. Aus ihren Samen wurden Bestände aufgebaut, die nach der Jahrhundertwende den ersten Plantagenkautschuk lieferten. Damit wurde der Zusammenbruch der Wildkautschukwirtschaft im Amazonasgebiet eingeleitet. So schnell und unglaublich der Aufstieg dieser Region war, so rasant und endgültig war ihr Fall in die Bedeutungslosigkeit.

Tod wegen Gummi

Lange Zeit war Kautschuk die begehrteste Substanz des Regenwaldes. Obwohl er heute größtenteils durch Kunststoff ersetzt ist, spielt Naturgummi noch immer eine wichtige Rolle. In Brasilien verdienen zahlreiche Wildkautschukzapfer damit ihren Lebensunterhalt. Aus diesem Grund begannen dort um 1960 Auseinandersetzungen mit Rinderzüchtern, die Regenwald für Weiden abholzten. Als sich die Gummizapfer 1988 an die Regierung wandten, wurde ihr Sprecher Chico Mendes ermordet. Nach seinem Tod strich die Regierung die Steuervergünstigungen für den Anbau von Rinderfarmen im Regenwald.

Gummigewinnung

Der Kautschukbaum gehört zur Familie der Wolfsmilchgewächse (*Euphorbiaceae*). Charakteristisch für einen Großteil dieser rund 9000 Gewächse ist das Vorkommen von Milchsaft in den Pflanzen. Der Kautschuksaft dient dazu, die am Baum entstehenden Wunden schnell wieder dicht zu verschließen oder auch Pflanzenfresser, schädigende Insekten und Pilze abzuhalten. Der Ausfluss des Milchsaftes wird durch schräge Einschnitte in die Rinde mit einem scharfen Messer in schrägen Streifen verursacht. In einer angehefteten Schale sammelt sich die weiße Flüssigkeit. Jeden zweiten Tag wird abgezapft und die gewonnene Brühe mit Ameisensäure zum Gerinnen gebracht. Feste Rohgummi-Tröpfchen setzen sich bei diesem Prozess ab.

Heute wird Kautschuk vor allem in den Tropen Südostasiens und Afrikas gewonnen. In Brasilien dagegen gelang es wegen eines Mehltaupilzes nie, im größeren Stil Plantagen anzulegen.

Samenschleuderer

Der Kautschukbaum wird 15 bis 30 Meter hoch. Seine lang gestielten Blätter sind dreizählig gefingert. Die winzigen, unscheinbaren Blüten strömen einen süßen Duft aus und locken so die bestäubenden Insekten an. Seine großen Früchte enthalten jeweils drei Samen, die beim Austrocknen der Schale bis zu 10 Meter weit hinausgeschleudert werden können. Die Samen fallen entweder auf den Boden oder ins Wasser, wo sie eine bedeutende Nahrungsquelle für Fische darstellen.

Im Palmenhaus gedeiht hinter dem Kakaobaum ein Kautschukbaum. Dieser wird weder angezapft, noch schleudert er Samen von sich, sondern wird von den Gärtnern gehegt und gepflegt.

Süßes aus den Tropen

Mmh, schmeckt das süß! Wer kennt nicht diese belebende Süße beim Genuss einer frischen Ananasfrucht oder den wohlig runden Abgang eines mit Rohrzucker gesüßten Tees? Meist kennen wir Pflanzenteile oder Extrakte unserer Nahrungspflanzen, doch wie sehen die lebendigen Pflanzen aus, von denen die köstliche Ananasfrucht oder der süße Rohrzucker stammen? Im Palmenhaus sind beide zu bestaunen.

Als Alexander der Große um 325 v. Chr. nach seiner Rückkehr aus Indien das erste Mal in Europa vom Zuckerrohr erzählte, muss das Erstaunen wohl groß gewesen sein: Hier kannte man bis jetzt lediglich den Honig als Süßstoff. Erst zwischen 700 und 900 n. Chr. brachten die Araber die Pflanze in den Mittelmeerraum. Die Spanier und Portugiesen nahmen darauf das Zuckerrohr mit nach Mittel- und Südamerika, und die Holländer gründeten Plantagen in Indonesien.

Vom unerschwinglichen Luxus zum süßen Überfluss

Jetzt war der Zucker endlich auch in Mitteleuropa zu kaufen, allerdings nur in sehr bescheidenen Mengen und zu sehr hohen Preisen in Apotheken. Er war also für die meisten Leute immer noch ein unerschwinglicher Luxusartikel. Auch mit der Zunahme des Seehandels wurde Zucker nur langsam billiger. Den endgültigen Durchbruch zu tieferen Preisen brachte die Zuckergewinnung aus den bei uns heimischen Zuckerrüben vor etwa 150 Jahren. Heute wird nur noch rund die Hälfte des weltweit produzierten Zuckers aus Zuckerrohr gewonnen, der Rest stammt größtenteils aus den Zuckerrüben.

Vom Gras zum Rum

Das Zuckerrohr (*Saccharum officinarum*) gehört zur Familie der Süssgräser (*Poaceae*) und kann 20 Jahre alt werden. Wie alle Gräser kann das bis zu sieben Meter hohe Zuckerrohr immer wieder abgeschnitten werden: Es wächst aus dem Wurzelstock nach. Die typische Tropenpflanze braucht viel Wärme und Wasser.

Bei der Ernte werden die reifen Stängel möglichst weit unten abgeschnitten, da dort der Zuckergehalt am höchsten ist. Die obersten Teile sowie die Blätter werden abgetrennt und nicht verwendet. Der Zucker befindet sich im Mark, das durch mehrmaliges Pressen aus dem Stängel herausgeholt wird. Der entstandene Saft wird gereinigt, durch Kochen eingedickt und auskristallisiert, was den Rohzucker ergibt. Der nichtkristallisierte Rest wird als Viehfutter oder zur Herstellung von Rum benützt.

Kolumbus und die Ananas

Die Ananas ist eine bekannte und bei uns oft gekaufte Südfrucht. Daran, dass sie den Weg aus ihrem Ursprungsgebiet zu uns gefunden hat, ist Christoph Kolumbus nicht ganz unschuldig. Am 4. November 1493 überreichten Indios dem Seefahrer bei seiner Landung auf Guadeloupe Ananasfrüchte zur Begrüßung. In der Folgezeit trat die alte Kulturpflanze mit dem «vorzüglichen Aroma» unter tatkräftiger Mithilfe von weiteren Entdeckungsreisenden eine nicht aufzuhaltende Reise in die ganze Welt an.

Früchte ohne Samen

Die Ananas (*Ananas comosus*) gehört zu den Ananasgewächsen (*Bromeliaceae*), einer Familie mit 2900 Arten, die vor allem epiphytisch leben (auf Bäumen sitzend). Doch die Ananas selber gedeiht als Rosettenpflanze auf dem Boden. Bei ihr erscheint nach ein bis zwei Jahren eine zirka 30 Zentimeter lange Ähre mit rosa Blüten. Die Bestäubung wird von Insekten und Kolibris vollzogen. Ihre Früchte gelten als

Die Ananas mit einer riesigen Beerenfrucht

Beerenfrüchte, bei denen die Blütenstandachse und die Tragblätter zu einem fleischigen, essbaren Fruchtstand verwachsen sind. Alle Ananassorten in Kultur sind aber selbstfertil, das heißt, die Fruchtbildung vollzieht sich ohne vorherige Bestäubung, und die Früchte enthalten keine Samen. Ananaspflanzen liefern zwei Ernten, 15 bis 18 Monate nach der Haupternte folgt eine etwas geringere Nachernte von den nachwachsenden Seitensprossen. Wegen der Ähnlichkeit der Frucht mit einem Pinienzapfen nannten sie die Spanier «pina», woraus im Englischen «pineapple» wurde.

Im Botanischen Garten finden Sie die Ananas nicht in der Dose, sondern neben weiteren spektakulären Pflanzen der Tropen im Palmenhaus.

Die Hungerkünstler

Naturphänomene bestechen nicht immer durch ihre Größe oder Üppigkeit. Auch kleinere Massstäbe geben immer wieder Anlass zum Staunen: so die geschätzten und anspruchslosen Tillandsien, die außerordentlich formen- und farbenreich sind und gleichzeitig extreme Lebensräume besiedeln können.

Ein Januarquiz: Was haben Kaufhäuser und baumsitzende Tillandsien in dieser Jahreszeit gemeinsam? In unseren Konsumtempeln ist nach der Weihnachtshektik ein ähnlich ruhiger Betrieb eingekehrt, wie wir ihn in den Schauhäusern antreffen. Der Grund dafür liegt wohl in der Natur des Januarlochs, denn es ist nicht mehr so viel Geld vorhanden, das wir ausgeben könnten. Und wenn in unserer aufgezwungenen oder neu entdeckten Bescheidenheit auch die Mahlzeiten wieder kleiner und einfacher geworden sind, kommen wir der Antwort schon sehr nahe:

Die Silberne Tillandsie wächst auf Bäumen in den amerikanischen Tropen.

Die baumbewohnenden Tillandsien sind wahre Meister, wenn es darum geht, sparsam mit Wasser und Nährstoffen umzugehen.

Extravagante Lebensräume

Die äußerst formenreichen Tillandsien (*Tillandsia* sp., benannt nach dem finnischen Physiker Elias Tilland) haben sich sehr unkonventionelle Lebensräume ausgesucht: Sie leben in luftfeuchten Gebieten der Neuwelt-Tropen, meist auf Ästen und Stämmen von Bäumen. Sie dringen auch in trockene Gebiete vor, wo sie auf Kakteen, Dornsträuchern und Felsvorsprüngen gedeihen. In den Tropen sieht man sie sogar in wuchernden Beständen an Telefonleitungen, was dem Telefonverkehr in diesen Ländern einige Probleme bereitet. Im Palmenhaus und im Farnhaus wachsen sie ohne Probleme auf Bäumen und Drähten.

Konservendosen und Zimmerpflanzen

Die Tillandsien gehören zur Familie der Ananasgewächse (*Bromeliaceae*), genau wie die ebenfalls in den Schauhäusern zu bewundernde Bromelien mit ihren sehr langen, herabhängenden Haftwurzeln. Die Ananas, welche das fruchtige Dessert des Silvestermahls krönte, ist wohl die am besten bekannte Vertreterin dieser Familie.

Charakteristisch für die Tillandsien sind ihre sehr schmalen, pfriemlichen Blätter. Viele Arten tragen ein dichtes Schuppenkleid mit Hunderttausenden von winzigen Blatthaaren und erscheinen deswegen silbergrau oder weiß. Ein typisches Beispiel für das silbrige Blaugrün ist bei *Tillandsia argentea* erkennbar («argentus» ist das lateinische Wort für silbern), welche diesen Namen der Farbe wegen erhalten hat und im Palmenhaus zu bewundern ist. Im Farnhaus findet sich die stammlose, prunkhafte *Tillandsia xerographica* aus Guatemala, welche trockene Gebiete besiedelt.

Die Formenvielfalt der rund 380 Tillandsien-Arten ist sehr groß und drückt sich in eindrücklichen Übergängen von winzig kleinen moosähnlichen Arten bis zu Riesenformen aus.

Die Strategien des Hungerkünstlers

Angesichts der für pflanzliches Leben außergewöhnlichen Standorte, müssen wir uns fragen, wie die Tillandsien Nährstoffe und Wasser bereitstellen können, wenn sie doch kaum eine Bodenschicht unter ihren Füßen haben. Ihre Antwort lautet: Lebe in Bescheidenheit! Der äußerst bescheidene Konsum hat zur Folge, dass Tillandsien nur sehr langsam wachsen. Die Tillandsien wie auch Kakteen und andere Sukkulenten haben im Laufe ihrer Entwicklungsgeschichte Strategien entwickelt, um das Wasser effizient zu nutzen und möglichst wenig davon zu verlieren. Die an den permanenten Wassermangel angepassten Arten haben ihre Blatthaarzellen derart spezialisiert, dass die Haare das Wasser vom Regen und der feuchten Luft von der Blattoberfläche auf verlängerte Speicherzellen im Innern des Blattes übertragen können. Tillandsien verlieren auch an heißen Tagen wenig Wasser. Der Gasaustausch findet in der kühleren, luftfeuchteren und daher verdunstungsärmeren Nacht statt.

Regenwaldzerstörung

Tillandsien werden immer mehr als große Schätze gehegt und gepflegt. Da sie durch ihre Attraktivität und die extreme Anpassung faszinieren, sind zum Teil große Gebiete der Regenwälder zu ihrer Gewinnung gerodet und ausgebeutet worden. Ein Besuch in den Tropenhäusern überzeugt uns, dass dort nicht nur die richtige Pflege der Tillandsien gewährleistet ist, sondern auch ihr Lebensraum besser nachgeahmt werden kann als in manchem lufttrockenen Wohnzimmer.

Das Lieblingsgetränk des Aztekenkönigs Montezuma

Wem ist es beim Genuss einer Tasse Schokolade bereits bewusst, dass schon die Maya-, Inka- und Azteken-Aristokratie diesen anregenden «Göttertrank» – mit Pfeffer und Vanille gewürzt – unter dem Namen «Xocoatl» zu sich nahm? Im Reich Montezumas war die Kakaobohne außerdem Grundlage des Münzsystems. 1000 Samen entsprachen zur Zeit von Cortez, der 1528 die ersten Kakaofrüchte nach Europa brachte, drei Golddukaten. Heute können wir nur noch davon träumen, unser Geld von den Bäumen zu pflücken.

Auch der spanische Seefahrer Cortez wurde als Gast des Aztekenkönigs Montezuma mit einem Goldbecher voll «Xocoatl» verwöhnt. Er war begeistert und brachte 1528 dem spanischen König einige Samen zurück, aus dem das Getränk gemixt wurde. Cortez begann auch mit der Zucht von Kakaobäumen. Da die Samen die lange Schiffsreise nicht unbeschadet überstanden, transportierte er junge Pflanzen in die näher gelegenen afrikanischen Kolonien, um dort Plantagen anzulegen. Die Spanier mischten Kakao mit Wasser und Zucker, und in kürzester Zeit bürgerte sich dieses neue Getränk beim spanischen Adel ein.

Eine Götterspeise

Der Kakaobaum (*Theobroma cacao*) ist ein 10 bis 15 Meter hoher, immergrüner Baum mit etagenförmiger Verzweigung. In Kultur wird er meist strauchig (vier bis acht Meter) gehalten, um die Fruchternte zu erleichtern. Er ist in Mittel- und Südamerika beheimatet.

Schon im 16. Jahrhundert wurde die Frucht unter dem Namen Cacao beschrieben, der sich aus der indianischen Bezeichnung «Xocoatl» ableiten lässt. In einem Streit mit anderen Gelehrten setzte der berühmte Linné durch, dass anstelle des «nomen barbarum» 1737 seine poetischere Bezeichnung *Theobroma* (Götterspeise) angenommen wurde.

Die Besonderheit: Stammblütigkeit

Für einen europäischen Betrachter ist das Bemerkenswerteste am Kakaobaum die so genannte Kauliflorie, die Tatsache nämlich, dass die vielen tausend kleinen Blütenbüschel, und später auch die viel größeren Früchte, direkt dem Stamm und den dicken Ästen entspringen. Die Bestäubung muss innerhalb weniger Stunden nach dem Aufblühen stattfinden. Sie erfolgt vorwiegend durch kleine Fliegen, aber auch durch den Wind. Bleiben die Kleinstinsekten aus, werden nicht einmal fünf Prozent der geöffneten Blüten zu Früchten. Die Fruchtbildung ist im Allgemeinen niedrig, so dass im Durchschnitt nur aus einer von 500 Blüten eine Frucht entsteht. In Plantagen wird teilweise durch Handbestäubung ein besserer Ertrag erzielt. Die Zeit von der Blüte bis zur Reife beträgt vier bis sieben Monate. Die rugbyballähnlichen Früchte sind etwa 20 Zentimeter lang und haben je nach Sorte eine grüne, gelbe, rote oder braune Färbung. Jede enthält 20 bis 40 Samen, die in ein säuerliches, schleimiges, weißes Fruchtfleisch (Pulpa) eingebettet sind.

Kakao heute

Vom Pflücken der Früchte sei abgeraten: Die darin enthaltenen Kakaobohnen schmecken bitter, sie erlangen ihr typisches Aroma erst durch eine genau überwachte Verarbeitung. Die Früchte werden aufgebrochen und die Kakaobohnen samt Fruchtfleisch weiterverarbeitet. Zuerst lässt man sie bei etwa 45 Grad Celsius in Schwitzkästen fermentieren. Bei diesem Prozess entwickelt sich das Kakaobraun und die Keimblätter im Innern der Samen

Die Früchte des Kakaobaumes wachsen direkt am Stamm.

verlieren ihren herben, bitteren Geschmack. Später werden die Bohnen bei 90 bis 140 Grad geröstet, gebrochen und gemahlen. In dieser Form gelangen die Kakaobohnen in den Handel. Aus 18 Samen gewinnt man rund 800 Gramm Handelskakao. Die Bäume tragen etwa ab dem dritten Jahr Früchte und werden 30 bis 60 Jahre alt. Heute findet man den Kakaobaum auch auf den Philippinen, in Sri Lanka und vor allem in Westafrika, das über 50 Prozent der Welternte liefert.

Kakaoprodukte sind nicht mehr aus dem Alltag wegzudenken. Was wäre die Schweiz ohne die Schokolade! Je nach Rezeptur der jeweiligen Kakaofirmen werden verschiedene Sorten gemischt, gemahlen und gepresst. Beim Pressen entstehen das braune, zartbittere Kakaopulver und die weiße, fettige Kakaobutter. Schokolade setzt sich aus Kakaobutter, Kakaopulver, Zucker sowie Milch (in der Milchschokolade) zusammen. Als Getränk wird das Pulver mit Zucker aromatisiert. Falls Sie nun Lust auf eine Tasse Xocoatl bekommen haben, genießen Sie ihn, nachdem Sie dem Kakaobaum im Palmenhaus einen Besuch abgestattet haben.

Können Melonen klettern?

Melonen auf einem Baum? Wer im Mittelmeergebiet Melonenkulturen gesehen hat, weiß, dass die beliebten Früchte am Boden wachsen. Doch was hat es mit den grüngelben, melonenartigen Früchten auf sich, die in den Tropen oder auch im Palmenhaus am Ende eines drei Meter hohen Stammes sitzen? Handelt es sich dabei wirklich um «Baummelonen»?

Tatsächlich lautet die deutsche Bezeichnung für diese baumartige Pflanze «Melonenbaum». Geläufiger ist jedoch unter Tropenfruchtkennern der Name Papaya, bei dem es sich um ein altes indianisches Wort handelt. Die karibischen Indianer bezeichneten die Pflanze mit dem Namen «apapai», was zu Deutsch «Baum der Gesundheit» bedeutet. Hiervon wurde die englische Bezeichnung «paw-paw» abgeleitet.

Die Papayapflanze (*Carica papaya*) wurde bereits in vorkolumbianischer Zeit von den Indianern Mittelamerikas und Brasiliens kultiviert. Sie züchteten sie aus den zahlreichen in den feuchten Wäl-

Die unreifen Früchte der Papaya sind noch grün.

dern wachsenden Wildarten der Gattung *Carica*. Aus ihrer Heimat im tropischen Südamerika wurde die Pflanze von Spaniern und Portugiesen über die ganzen Tropen und Subtropen verbreitet. Papayas werden heute in mehreren Sorten überall in den Tropen, in Kalifornien, in Florida und auch im Mittelmeerraum kultiviert. In den tropischen Gebieten fruchten Melonenbäume ganzjährig.

Ein blütenbiologisches Wunder

Am Ende eines drei bis sieben Meter hohen, unverzweigten Stammes stehen beim Melonenbaum schopfartig große handförmige Blätter, die nach dem Abfallen auffällige Narben am Stamm hinterlassen. Aus den Blattachselknospen bringt die Pflanze gelbe, von Faltern bestäubte Blüten hervor. Die Pflanzen sind meistens zweihäusig, das heißt, männliche und weibliche Blüten befinden sich auf verschiedenen Pflanzen. Um einen hohen Ertrag an Früchten zu erreichen, lässt man daher in der Kultur eine männliche auf 20 bis 50 weibliche Pflanzen stehen. Gelegentlich treten aber auch Exemplare mit Zwitterblüten auf. Blütenbiologisch gesehen stellt die Papaya eine Besonderheit dar, da bei ihr Geschlechtsumwandlungen vorkommen. Die Indianer versuchen diese Umwandlung mit Hilfe von mystischen Gegenständen wie Eisennägeln oder Kupferringen, die sie in den Stamm schlagen, zu beeinflussen. Die wechselnden Geschlechtsverhältnisse der Gattung Papaya sind bis heute nicht ausreichend geklärt.

Riesenbeeren

Hat die Papaya wirklich etwas mit der Melone zu tun? Die Papaya gehört systematisch betrachtet zur Familie der Melonenbaumgewächse (*Caricaceae*), welche fast ausschließlich in der Neuen Welt vorkommen. Sie sind einerseits mit den Passionsblumengewächsen (*Passifloraceae*) verwandt, andererseits auch mit den Kürbisgewächsen (*Cucurbitaceae*), zu denen die Melonen gehören. Demnach ist die Bezeichnung «Baummelone» für die Papaya gar nicht so abwegig. Papayafrüchte erreichen ein Gewicht von 500 bis 1000 Gramm, können aber je nach Sorte bis zu fünf Kilogramm schwer werden. Dabei handelt es sich, wie bei den Melonen selber, um Beerenfrüchte, wahre Riesenbeeren also. Die kresseartig riechenden Samen liegen eingebettet in einem weichen, saftigen Fruchtfleisch, welches orangerot bis gelblich gefärbt und außen von einer festen Haut umgeben ist. Gegessen wird das im reifen Zustand süß schmeckende Fruchtfleisch. Es kann roh in Stücken mit Zucker und Zitronensaft genossen oder mit Salz bestreut und ausgelöffelt werden. Grüne, unreife Papayas werden aber als Gemüse gekocht verwendet.

«Goldener Baum des ewigen Jungseins»

Schon zur Zeit der Ankunft der Spanier in Peru scheint die Papaya bei den Indianern eine beliebte Nutzpflanze gewesen zu sein. Jedenfalls priesen die spanischen Chronisten in ihren Berichten die Heilkraft der Pflanze bei Verwundungen. Vasco da Gama sprach vom «Goldenen Baum des ewigen Jungseins». Zweifellos war den Indianern die Heilkraft des Papains bekannt, eines Wirkstoffs, der im Milchsaft der Papayapflanze, besonders in den unreifen Früchten, enthalten ist. Der Milchsaft wird durch Anritzen der Rinde oder der unreifen Früchte gezapft, danach getrocknet und meist als Pulver in den Handel gebracht. Papain findet in der Medizin bei Verdauungsschwäche (Pepsinmangel) Verwendung und dient heute vor allem als Zartmacher für zähes Fleisch. Ferner benützt es die Textilindustrie, um das Schrumpfen tierischer Eiweißfasern wie Wolle und Seide sowie das Verfilzen zu verhindern.

Nebst dem Genuss einer köstlich reifen Papaya bleibt nun noch die Frage, wieso eigentlich die melonenartigen Früchte dieser tropischen Pflanze so hoch oben am Stamm wachsen. Nun, vielleicht gab es einfach einige Melonen, die das ebene Tiefland satt hatten und sich mehr Ausblick verschaffen wollten …

Warum ist die Banane krumm?

«Es ist leider niemand in den Urwald gegangen, um die Bananenfrüchte geradezubiegen» – Kinder würden die Stirne runzeln, wenn die Erwachsenen auf die Frage, warum Bananen krumm sind, so antworteten. Um eine plausible Erklärung zu finden, drängt sich ein Besuch des Palmenhauses auf.

Im Palmenhaus finden Sie eine große Bananenpflanze (*Musa acuminata*), die nicht nur dank ihren übergroßen Blättern, sondern auch wegen des üppigen Fruchtstandes die Aufmerksamkeit der Besuchenden auf sich lenkt. Auf die schon fast legendäre Frage ist die wissenschaftliche Antwort in wenigen Worten gegeben.

Das Licht macht krumm

Die einzelnen Bananen sprießen in mehreren Kränzen, die an der Staude dicht übereinander liegen. Während des Wachstums strecken sie sich nach oben zum Licht. Jede Banane wächst aber seitlich aus der Staude heraus, so dass sie sich auf dem Weg zum Licht stark krümmen muss. Während des ganzen Jahres ist die zapfenähnliche Blüte zu sehen. Sie hängt am Ende des nach unten wachsenden Stiels. Es ist unschwer zu erkennen, dass die Blütenbesucher über ein großes Fluggeschick verfügen müssen: Es sind vor allem tropische Fledermäuse, die gewandt genug sind, um zur Nektarquelle zu gelangen. Beim Besuch bestäuben die Fledermäuse die Bananenblüten und erhalten als Belohnung den zuckerreichen Nektar. Aus dem weiblichen Teil der Blüte entsteht die Bananenstaude, die bei den meisten kultivierten Bananensorten auch ohne erfolgreiche Befruchtung große Früchte heranwachsen lässt.

Spätzünder wachsen schnell

Bei Wildformen, nicht aber bei kultivierten Sorten, findet man im Innern der Bananenfrucht Samen. Diese benötigen manchmal mehrere Monate, um erfolgreich zu keimen. Eine solch lange «Keimzeit» ist einzigartig in den Tropen, denn in der Regel müssen tropische Pflanzen schnell keimen, um im harten Wettkampf ums Licht bestehen zu können. Ist der Bananensamen einmal erfolgreich zum Leben erwacht, geht es blitzschnell, bis die Pflanze zu ihrer eigentlichen Größe gelangt. Sie ist diesbezüglich eine regelrechte Rekordinhaberin: Unter idealen Wachstumsverhältnissen wächst ein noch nicht aufgerolltes Blatt unvorstellbare 1,1 Millimeter pro Minute! Würde die Sonne 24 Stunden am Tag scheinen, könnte ein Bananenblatt innerhalb eines einzigen Tages 1,6 Meter wachsen!

Asiatische Herkunft

Die Bananengewächse (*Musaceae*) weißen weltweit rund 35 verschiedene Arten auf. Die eigentliche Obstbanane stammt ursprünglich aus den tropischen Gebieten Südostasiens. Bereits vor unserer Zeitrechnung wurden sie nach dem Nahen Osten und Afrika verbreitet. In Lateinamerika, dem heute wichtigsten Exportgebiet, hat die Bananenkultur erst im Verlauf des 16. Jahrhunderts Fuß gefasst. Viele Arten und Varietäten werden nicht nur in den Tropen angebaut, sondern gedeihen auch auf den Azoren, den Kanarischen Inseln, auf Sizilien, Zypern und in Südspanien in Höhen von bis zu 1200 Meter über Meer.

So besonders die Biologie der Bananenpflanze auch sein mag, und so genussvoll wir auch in eine Banane beißen: Oftmals bleibt ein etwas schaler Beigeschmack. Ein Großteil der in unseren Läden feilgebotenen Früchte wird in Plantagen produziert, wo zuvor noch intakter tropischer Regenwald die Heimat vieler Tier- und Pflanzenarten bildete. Die Böden degradieren nach einigen Jahren sehr schnell und der enorm hohe Pestizideinsatz belastet die Gewässer und somit die benachbarten Waldgebiete.

Ein maßvoller Bananenkonsum und die Berücksichtigung umweltverträglich produzierter Bananen sollen uns helfen, dass nicht nur der kulinarische Genuss, sondern auch ein gutes Gewissen gegenüber der Umwelt bleibt.

Farbenfrohe Gewächse

Wer die Schauhäuser besucht, kann sich im Winter nicht nur an der klassischen Bananenpflanze, sondern auch an einigen verwandten Arten erfreuen. In der Mitte des Palmenhauses finden die Besuchenden eine Vertreterin der Strelitziengewächse (*Strelitziaceae*), die aus Madagaskar stammt: der Baum der Reisenden (*Ravenala madagascariensis*). Er kam zu seinem Namen, weil er Wasser speichern kann und für die Reisenden eine sichere Trinkwasserquelle ist. Bei der Tür zum Farnhaus blüht eine Helikonie (*Heliconia bihai*), die wegen ihrer intensiven, scharlachroten Deckblätter für Blumenarrangements sehr beliebt ist. Weltweit werden 200 Helikonia-Arten unterschieden, wobei die meisten aus Südamerika stammen. Sie bilden eine eigene Familie, die der Helikoniengewächse (*Heliconiaceae*). Viele dieser Arten sind so spezialisiert, dass nur der maßgeschneiderte Schnabel einer bestimmten Kolibriart zum Blütennektar gelangen kann; ein Beispiel gegenseitiger Anpassung, das aufzeigt, wie sich im Laufe vieler Jahrmillionen eine große, schützenswerte Artenvielfalt entwickeln konnte.

Bananenstaude mit Blüten und Früchten

Kopf stehender Riese

Er ist massiv und oft breiter als hoch. Wenn er in der Trockenzeit kein Laub trägt, macht es den Anschein, als wäre er verkehrt herum eingepflanzt. Man erzählt sich, dass die Hyäne für sein Aussehen verantwortlich sei. Denn als der Schöpfer jedem Tier einen Baum schenkte, erhielt die Hyäne als Letzte den übrig gebliebenen Baobab. Darüber war sie so erbost, dass sie ihn statt mit den Wurzeln mit der Krone in den Boden einpflanzte.

Es kann aber auch sein, dass die Hyäne am Aussehen dieses Baumes mit dem markanten, dicken Stamm keine Schuld trifft. Denn eine andere Geschichte besagt, dass Gott den Baobab zuerst an ein Flussufer pflanzte, wo es diesem aber wegen der dauernden Feuchtigkeit gar nicht behagte. Um diesem Übel abzuhelfen, wurde er in die Berge versetzt, wo sich der Baum wiederum nicht wohl fühlte und reklamierte, man möge ihm doch einen besseren Ort zuteilen. Weil die Geduld des Schöpfers bei dieser weiteren Quengelei ein Ende fand, riss er den Baobab kurzerhand aus dem Boden und warf ihn in eine trockene Gegend Afrikas, wo er kopfüber landete.

Wahr an dieser Geschichte ist das natürliche Verbreitungsgebiet des Baobabs (*Adansonia digitata*), welches sich über die südlich der Sahara gelegenen Savannengebiete erstreckt. Tatsächlich sieht der Baum oft aus, als würde er mit der Krone nach unten in der Erde stecken. Dies hat damit zu tun, dass er in der Trockenzeit sein Laub verliert. Somit ist von weitem nur seine markante Silhouette mit dem dicken Stamm zu sehen, welche tatsächlich an ein reich verzweigtes Wurzelwerk erinnert.

Uralt und dick

Vor 200 Jahren schätzte der französische Botaniker Michel Adanson das Alter von besonders großen Baobabs und kam dabei für den ältesten auf knapp 6000 Jahre – eine Behauptung, die zur damaligen Zeit als Gotteslästerung empfunden wurde. Damals ging man davon aus, dass die Sintflut gerade mal vor 4000 Jahren stattgefunden habe. Entweder hatte also der Baum die Sintflut überlebt oder die Sintflut hatte früher oder gar nicht stattgefunden. Man kam zum Schluss, dass Adanson mit seiner Schätzung ganz einfach übertrieben hatte. Heute steht fest, dass die Bäume tatsächlich ein sehr hohes Alter aufweisen können – bei einem Stammdurchmesser von knapp 14 Metern liegen rund 2000 Jahre durchaus drin.

Der Baobab gehört zur Familie der Wollbaumgewächse (*Bombacaceae*), die rund 250 tropische Baumarten umfasst. Sie sind nahe mit den Malvengewächsen verwandt.

Affenbrot

Der Baobab ist auch als Affenbrotbaum bekannt. Er verdankt diese Bezeichnung der Tatsache, dass Affen die Früchte des Baumes gerne in ihren Speisezettel aufnehmen. Aber nicht nur Affen, Elefanten, Vögel und eine Vielzahl anderer Tiere haben Interesse an den Früchten. Auch wir Menschen können den Baum auf vielfältige Weise nutzen. So kann beispielsweise aus dem Fruchtfleisch ein erfrischendes, vitaminreiches Getränk und mit den jungen Blättern ein Gemüse zubereitet werden. Die Rinde liefert Fasern, die Wurzel einen roten Farbstoff und alte, hohle Baobabs werden als Unterstand oder Bar genutzt. In der Vergangenheit dienten sie sogar als Gefängnisse!

Nächtliche Besucher

Auffällig sind auch die großen, weißen Blüten, welche jeweils nur eine einzige Nacht geöffnet bleiben. Zu dieser nächtlichen Stunde sind die mit den Fleder-

Der Baobab ähnelt einem ausgerissenen Wurzelstock.

mäusen verwandten Flughunde unterwegs, die am Nektar der langstieligen Blüten interessiert sind. Indem sie von Blüte zu Blüte fliegen, um möglichst viel Nektar zu erhaschen, übertragen sie Pollen und verrichten die Bestäubung. Die sich entwickelnden Früchte können in Westafrika bis zu einem halben Meter lang werden und besitzen in ihrem Inneren eine Vielzahl von Samen, welche in ein saftiges Fruchtfleisch gebettet sind. Genau diese Früchte verhalfen dem Baobab zu seinem gebräuchlichen Namen. Im 16. Jahrhundert wurden sie auf dem Markt in Kairo unter dem Namen «bu hibab» gehandelt, was so viel wie «Frucht mit vielen Samen» bedeutet. Daraus leitete sich der Name Baobab ab.

Den Affenbrotbaum können Sie im Farnhaus bewundern. Hoffen wir, dass er an diesem Ort an Umfang zulegen und eine stattliche Größe erreichen kann!

Verlorene Palmen

Im Indischen Ozean, östlich von Madagaskar, liegt die kleine Inselgruppe der Maskarenen. Entstanden aus Vulkanen, beherbergen sie eine spezielle Flora und Fauna. Einige besondere Pflanzen gedeihen auch im Palmenhaus.

«As dead as a Dodo»: So nennt man im Englischen etwas, das unwiderruflich vorbei ist. Der Dodo, ein schwanengroßer, flugunfähiger Vogel mit einem bizarren Äußeren, ist unwiderruflich ausgestorben. Bei seiner Entdeckung im 16. Jahrhundert war er ein beliebtes Objekt von Tiermalern. Zum Glück, denn ohne die Gemälde und Radierungen fiele es schwer, die Vögel zu rekonstruieren. Das Schicksal der Dodos, die rund 100 Jahre nach ihrer Entdeckung auf den Maskarenen schon ausgerottet waren, kann als Paradebeispiel für das Aussterben von Tier- und Pflanzenarten auf Inseln angesehen werden. Ihre Lebensweise hatte sich in einer Jahrtausende dauernden isolierten Entwicklung so spezialisiert, dass sie nicht mehr in der Lage waren, sich Umweltveränderungen anzupassen. So traf es die flugunfähigen Vögel mit voller Härte, als sie nicht nur vom Menschen, sondern auch von mitgebrachten Schweinen, Hunden, Katzen und Ratten verfolgt wurden.

Ähnlich erging es auch unzähligen Pflanzenarten. Hierbei war der Hauptgrund ihres Verschwindens die Abholzung der Wälder. Dennoch überlebten einige Pflanzen bis in die heutige Zeit, gedeihen aber nur noch mit wenigen Exemplaren in ihren natürlichen Lebensräumen.

Ferne Inseln

Die Inselgruppe der Maskarenen liegt östlich von Madagaskar im Indischen Ozean. Sie besteht aus drei Hauptinseln, welche gesamthaft einiges kleiner sind als der Kanton Bern. Mauritius ist die älteste Insel, die vor acht Millionen Jahren als großer Vulkan von einer riesigen vulkanischen Unterwasserplattform emporwuchs. Beim letzten Vulkanausbruch vor 1,5 Millionen Jahren entstand die kleine Nachbarinsel Rodriguez. Die dritte Hauptinsel ist La Réunion. Ihr Vorhandensein verdankt sie ebenfalls einem Vulkan, der vor rund drei Millionen Jahren aktiv war.

Die Maskarenen-Inseln fallen durch ihre Artenarmut auf, besonders im Vergleich mit der Fülle von Pflanzenarten auf den sie umgebenden Kontinenten. Die Gründe dafür liegen einerseits darin, dass die Maskarenen erdgeschichtlich relativ jung sind, und andererseits, dass das Meer eine gewaltige Barriere darstellt. Nur wenige Pflanzensamen gelangten somit durch Meeresströmungen, Winde oder durch Vögel auf die fernen Inseln. Demgegenüber wachsen dort rund 500 Pflanzenarten, welche nirgendwo sonst vorkommen, so genannt endemische Pflanzen.

Palmen für die Schweine

Die Flaschenpalmen (*Hyophorbe* sp.) sind solche Endemiten. Ihr Gattungsname *Hyophorbe* leitet sich von *hyos* (Schwein) und *phorbe* (Futter) ab und geht darauf zurück, dass die Früchte dieser Palmen als Schweinefutter verwendet wurden. Früher gab es in den Wäldern und in den Savannen große Flaschenpalmen-Bestände, heute jedoch sind sie äußerst selten geworden. Die Gattung umfasst fünf Arten, welche meist nur auf einer einzigen Insel vorkommen. Von *Hyophorbe amaricaulis* existiert sogar weltweit nur noch ein einziges Exemplar, und zwar in einem botanischen Garten auf Mauritius. Diese Palme bildet nur selten Samen aus, so dass ihr Überleben sehr ungewiss ist. Wenig besser sieht die Situation bei der Giftpalme (*Hyophorbe indica*) aus. Sie gedeiht nur auf La Réunion, wo sich noch einige wenige Populationen in den Regenwäldern finden. Ihren Name erhielt sie, weil der Baum sich mit chemischen Wirkstoffen vor dem Appetit der pflanzenweidenden Riesenschildkröten, welche die Insel einst bevölkerten, schützen konnte. Ähnlich sieht es für die bekannte Flaschenpalme (*Hyophorbe lagenicaulis*) aus. Ursprünglich weit verbreitet auf der kleinen «Ile Ronde» bei Mauritius, ist sie nun auf eine natürliche Population mit neun Exemplaren reduziert. Dank dem bizarren Aussehen ihres Stammes, der einer dickbauchigen Flasche ähnelt, wurde sie als Ornamentalpflanze in der ganzen Welt angepflanzt. Ihre Krone besteht aus wenigen, dunkelgrünen Fiederblättern mit einer typisch verdrehten Spitze. Ein stattliches Exemplar der Flaschenpalme befindet sich im Palmenhaus. Daneben steht die nah verwandte Spindelpalme (*Hyophorbe verschaffeltii*). Ihr Stamm ist spindelförmig, in der Mitte verdickt und an beiden Enden schmal zulaufend. Die Krone besteht aus überhängenden Fiederblättern, die sehr elegant aussehen. Auch sie wird in vielen botanischen Gärten kultiviert und zählt zu den bedrohtesten Arten, da der Wildbestand auf der Insel Rodriguez auf weniger als 50 Pflanzen abgesunken ist.

Die dunklen Fiederblätter der Flaschenpalme sind an der Spitze verdreht.

Artenschutz im Botanischen Garten

Bedrohte Pflanzenarten, welche in ihrer ursprünglichen Heimat bis an den Rand des Aussterbens gelangen, werden in botanischen Gärten gehegt und gepflegt. Durch ihre Vermehrung können sie erhalten bleiben, und ihre Samen oder Jungpflanzen lassen sich in der freien Wildbahn wieder ansiedeln, wie zum Beispiel die der Flaschenpalmen. Dies ist eine wichtige und sinnvolle Aufgabe moderner botanischer Gärten, damit auch zukünftige Generationen das neue Sprichwort verwenden können: «As alive as a Bottle Palm».

Heilende Zitrussäfte

Mandarinen und Orangen gehören zur Advents- und Weihnachtszeit wie der Esel zum Samichlaus. Doch wie und wo wachsen und reifen die saftig-aromatischen Früchte und wieso sind ihre auch heilenden Säfte sehr beliebt?

Wenn der Herbst mit kalten Temperaturen oder sogar Frost zu drohen beginnt und der Winter naht, dann verschwinden viele Pflanzen von der Bildfläche im Freiland. Dutzende von kälteempfindlichen Topf- und Kübelpflanzen werden dann jeweils von den Gärtnerinnen und Gärtnern in die bereitstehenden Gewächshäuser geschleppt. Zu diesen Pflegekindern gehören auch mehrere Vertreter der Zitruspflanzen aus der Familie der Rautengewächse (*Rutaceae*), zum Beispiel der Orangen-, der Mandarinen- und der Zitronenbaum. Zitruspflanzen sind schon seit langer Zeit dank ihren leuchtenden Früchten und aromatisch duftenden Blüten und Blättern als ausgesprochen dekorative Zierpflanzen beliebt. Die Könige und Fürsten des Barock ließen an ihren Schlössern spezielle, mit großen Fenstern ausgestattete Gebäude, so genannte Orangerien, anbauen, in denen Orangen- und Zitronenbäume in Kübeln kultiviert wurden. Auf diese Weise konnten die frostempfindlichen Zitruspflanzen auch dort gehalten werden, wo sich eine Kultivierung im Freien wegen der ungünstigen Klimaverhältnisse nicht durchführen liess. Auch wenn sich die Orangerie des Botanischen Gartens nicht mit der Schönheit einer fürstlichen Orangerie messen kann: Die Zitruspflanzen sind bestimmt dankbar, dass sie hier in der garstigen Winterzeit Unterschlupf finden.

Der lange Weg nach Europa

Die Zitruspflanzen stammen aus dem tropischen Südosten Asiens und wurden schon früh in vielen Gebieten des Fernen Ostens kultiviert. In China befasste man sich schon 2200 v. Chr. mit der Zitruskultur. Die Orange soll es bereits in den «Hängenden Gärten der Semiramis» gegeben haben. Es wird vermutet, dass um 1500 portugiesische Kaufleute aus Indien und China die ersten süßen Orangen mit nach Europa brachten. Auch die Araber waren an der Verbreitung der Zitruspflanzen im Mittelmeerraum beteiligt.

Christoph Kolumbus nahm auf seiner zweiten Reise in die Neue Welt Samen von verschiedenen Zitruspflanzen mit nach Haiti. Anfang des 16. Jahrhunderts wurden Samen in Mexiko, Brasilien, Florida und wenig später in Kalifornien eingeführt. Über Brasilien gelangten sie nach Australien, Engländer und Holländer brachten Samen 1654 nach Südafrika. So sind heute die Zitruspflanzen auf allen fünf Kontinenten vertreten. Für das Gedeihen der Zitrusfrüchte ist viel Sonne und Wärme nötig. Die hauptsächlichen Anbaugebiete liegen deshalb im Süden der USA, in Brasilien, im Mittelmeerraum sowie in Ost- und Südostasien. Wirtschaftlich wichtige Zitruspflanzen sind die Zitronat-Zitrone (*Citrus medica*), die Zitrone (*Citrus limon*), die Pomeranze oder Bitterorange (*Citrus aurantium*), die Orange (*Citrus sinensis*) und die Mandarine (*Citrus reticulata*). Bezüglich der wirtschaftlichen Bedeutung stehen die Zitruspflanzen hinter Bananen und Weintrauben an dritter Stelle.

Von Poncirus bis Citrus

Als ein möglicher Urahn der bekannten kultivierten Zitruspflanzen gilt die aus China stammende Dreiblättrige Orange (*Poncirus trifoliata*), welche goldgelbe Früchte in der Größe einer Walnuss ausbildet. Es handelt sich dabei um einen sommergrünen Strauch mit ausgeprägten Dornen und geflügelten Blattstielen, wie sie auch bei den Orangenarten anzutreffen sind. Von Früchten und Blättern ist im Winter allerdings wenig zu sehen, und der

Was so kräftig leuchtet muss gesund sein: Im Winter ist Zitrusfruchtzeit!

Strauch präsentiert sich mit nackten Dornen an der Mauer vor der Orangerie. Die Poncirus-Pflanze ist mehr oder weniger frosthart und wird als Pfropfunterlage für Citrus-Arten verwendet: Bei dieser Veredelung ergeben sich Pflanzen, die weniger kälteempfindlich sind.

Heilender Saft

Beliebt sind die saftigen Zitrusfrüchte vor allem wegen ihres aromatischen Geschmacks. Sie sind aufgrund ihres hohen Vitamin-C-Gehaltes aber auch gesundheitlich von großer Bedeutung. Bereits Hildegard von Bingen verordnete Zitronensaft gegen Fieber, und noch heute ist heißer Zitronensaft wegen seiner bakterienabtötenden und fiebersenkenden Wirkung ein bewährtes Mittel bei Erkältungen und Grippe. Ein Aufguss von Orangenblüten wirkt dagegen krampflösend und beruhigend und kann bei Schlafstörungen oder Nervosität helfen. Aus den stark duftenden Blüten und der Schale von verschiedenen Zitruspflanzen werden Essenzen gewonnen, welche in der kosmetischen Industrie Verwendung finden, zum Beispiel im Kölnischwasser. Und wer weiß denn nicht auch den erfrischenden Duft von geriebener Zitronenschale beim Weihnachtsguetzli-Backen zu schätzen?

Immergrün, stachelig, giftig – und sehr dekorativ

Als Sinnbild des ewigen Lebens wird die Stechpalme oft als Weihnachtsschmuck verwendet. Ihre rot leuchtenden Früchte sind in dieser Jahreszeit schon von weitem zu sehen, und zwar nicht nur von uns. Eine Reihe hungriger Gäste laben sich an ihnen – wir Menschen sollten dies besser unterlassen, da bereits der Genuss von 20 bis 30 der beerenartigen Früchte tödlich sein kann.

Die Stechpalme (*Ilex aquifolium*), auch Stechlaub oder Hülse genannt, wird bei uns häufig in Gärten und Parkanlagen angepflanzt. Sie ist dank ihrer spitzigen Stacheln an den ledrigen Laubblättern leicht erkennbar.

Korallenrote Früchte

Stechpalmen gehören zur Familie der Stechpalmengewächse (*Aquifoliaceae*), welche rund 500 Arten aufweist, wovon die meisten in den Tropen verbreitet sind. In unseren Breiten findet sich nur eine Art, und diese bevorzugt als Lebensraum schattige Buchenmischwälder, sie wächst mit Vorliebe in einem eher atlantisch-feuchten und wintermilden Klima in Seenähe. Der bis 10 Meter hohe, an frostgefährdeten Stellen eher strauchförmig wachsende Baum ist allerdings nur noch selten anzutreffen. Infolge Kahlschlagwirtschaft ist er heute in einigen Gebieten gefährdet und deshalb in etlichen Kantonen teilweise geschützt. Das Pflücken von ein oder zwei Stechpalmenzweigen ist jedoch meistens noch erlaubt, aber nicht im Botanischen Garten!

Bei den Stechpalmen gibt es männliche und weibliche Exemplare. Beide blühen im Frühsommer, und die weiblichen Bäume

Verführerisches Weihnachtsmahl für Amsel und Drossel: Früchte der Stechpalme

und Sträucher tragen im Winter korallenrote Früchte, welche intensiv mit dem sattdunkelgrün glänzenden Laub der Pflanze kontrastieren.

Immergrün

Die Stechpalme gehört zu den wenigen Laubbäumen, die, wie die immergrünen Nadelbäume, ihr Laub auch in der kalten Jahreszeit nicht abwerfen. Dementsprechend sind die drei bis acht Zentimeter langen Stechpalmenblätter an die extremen Jahreszeiten bestens angepasst: Sie sind derb-ledrig und mit einer glänzenden Wachsschicht versehen. So lässt sich bei intensiver Sonneneinstrahlung eine zu starke Wasserverdunstung vermeiden. Die Stachelspitzen und Wellen an den Blatträndern sind unterschiedlich ausgebildet. Bei älteren Bäumen – sie können bis zu 300 Jahre alt werden – verschwindet dieses charakteristische Merkmal sogar vollständig, vor allem im oberen Bereich der Pflanze. Dornen und Stacheln werden im Pflanzenreich oft als Fraßschutz gedeutet, was wohl auch bei der Stechpalme zutrifft. Immergrün heißt jedoch nicht, dass diese Pflanze ihre Blätter ein Leben lang behält. Die Blätter werden fortwährend das ganze Jahr hindurch abgestoßen und erneuert. Nach etwa zwei bis vier Jahren ist ein Stechpalmenblatt «verbraucht» und wird abgeworfen.

Vielseitige Verwendungsmöglichkeiten

Wie die meisten immergrünen Pflanzen ist auch die Stechpalme Sinnbild für ewiges Leben und wird deshalb meist zur Weihnachtszeit, aber auch am Palmsonntag als frischer Grünschmuck verwendet. Das ziemlich harte Holz eignet sich besonders für Drechslerarbeiten, so zum Beispiel für Werkzeugstiele, Stöcke oder Dachsparren. Im Berner Oberland wurden früher besondere Spazierstöcke, denen ein Gämshorn als Griff diente, zum Verkauf angeboten. Die Blätter und die mehrsamigen roten Steinfrüchte sind für die Menschen giftig, aber die getrockneten Blätter werden dennoch in der Pflanzenheilkunde verwendet: Bei Bronchitis und Rheuma, aber auch bei Fieber und Durchfall werden der Stechpalme fiebersenkende und krampflösende Eigenschaften zugesprochen. Der Verzehr von 20 bis 30 der roten, beerenartigen Früchte gilt für Erwachsene als tödlich, bei Kindern sind es entsprechend weniger. Typische Vergiftungserscheinungen sind Übelkeit, Erbrechen, Herzrhythmusstörungen, Durchfall und Schläfrigkeit. Demgegenüber sind ernsthafte Vergiftungen bei Tieren nicht zu erwarten.

Warten auf Besuch

Das ausnahmsweise gelbfruchtende Exemplar beim Waldgarten (die Varietät «*bacciflava*» = gelbbeerig) wird von vielen Amseln besucht, wobei die gelben Schnäbel der Männchen mit den Früchten im Kontrast zum satten Dunkelgrün um die Wette leuchten. Die Früchte bieten diesen Vögeln eine willkommene Abwechslung im immer knapper werdenden Nahrungsangebot an. Dabei ist dies kein uneigennütziges Geschenk der Stechpalme: Die Vögel verzehren die Früchte der Mutterpflanze, scheiden die Samen dann unverdaut mit dem Kot weit entfernt wieder aus und eine neue Stechpalme beginnt ihren Lebenszyklus.

«Häxechrut» für das ewige Glück

Liebenden soll sie ewiges Glück bescheren, griechischen wie normannischen Gottheiten diente sie als Zauberrute, und in der Naturheilkunde wird sie bei Herzstörungen und zu hohem Blutdruck eingesetzt. Dass die Mistel nicht auf dem Boden, sondern auf den Bäumen schmarotzend lebt, lässt sie auch als etwas Besonderes erscheinen.

Kennen Sie die aufregenden Abenteuer von Asterix? Dann wird Ihnen aufgefallen sein, dass der gallische Krieger und seine Freunde nicht auf die übernatürlichen Kräfte aus des Druiden Miraculix Zaubertrank verzichten wollen. Intime Kenner wissen zudem, dass einen Hauptbestandteil dieses Zaubertrankes die Mistel bildet, die der weise Druide mit einer goldenen Sichel von den Eichen erntet.

Uraltes Brauchtum

Tatsächlich ist die Mistel (*Viscum album*) schon seit Jahrtausenden von den Griechen über die Germanen bis in heutige Zeiten als Pflanze mit besonderen Kräften bekannt. Schon Plinius erzählte, dass die Druiden der Gallier und der alten Briten vor allem die auf Eichen wachsenden Misteln verehrten. Abergläubische Leute schreiben auch heute noch der Mistel dämonenabwehrende Wirkung zu. Und der ursprünglich englische Brauch, vor allem zur Adventszeit Mistelzweige über der Türe anzubringen, ist seit längerer Zeit auch auf dem Kontinent in Mode gekommen. Kein Wunder: Wenn sich Liebende darunter küssen, soll ihnen ewiges Glück sicher sein ... Der dadurch stark angewachsene Bedarf an Misteln wird maßgeblich aus der Bretagne befriedigt: Aus dieser Region ist auch der Brauch bekannt, wonach Kinder mit einem Strauß aus Mistelzweigen am Neujahrstag von Tür zu Tür gehen.

Giftig und heilend

Die Mistel enthält in ihren Blättern und Stängeln stark wirksame Eiweißstoffe (Viscotoxine). Dieses Mistelgift wirkt blutdrucksenkend, zellenabtötend und steigert die körperlichen Abwehrkräfte. Die Beeren sind offensichtlich giftfrei. In der Naturheilkunde wird die Mistel zur Regulierung des Blutdrucks und teilweise auch in der alternativen Krebstherapie eingesetzt. Ferner findet sie Anwendung bei geschwächtem Herzmuskel und in der Homöopathie.

Unzählige Namen

Eine so vielseitig verwendete Pflanze begnügt sich natürlich nicht mit einem Namen: Mancherorts wird sie «Häxechrut» oder auch «Häxebäse» genannt. Der aus dem Germanischen stammende Name «Mistel» wurde abgewandelt in «Mispele», «Nistl» oder auch «Wispen». Namen wie «Vogellim» (aus den klebrigen Beeren wurde früher Vogelleim hergestellt) oder «Geisskrut» (Misteln dienten lange als Futter für Ziegen) deuten auf weitere Nutzungen dieser Pflanze hin.

Botanisch betrachtet gehört die Mistel zu den Mistelgewächsen (*Viscaceae*), einer vorwiegend aus tropischen Schmarotzerpflanzen bestehenden Familie, welche rund 600 Arten umfasst. Die in Europa vorkommende Mistel weist drei Unterarten auf, die sich am einfachsten anhand ihrer Wirtspflanzen unterscheiden lassen: Die Laubholz-Mistel gedeiht vorab auf Linden, Pappeln, Weiden, Eichen und Apfelbäumen, die Tannen-Mistel auf Weißtannen und die Föhren-Mistel auf verschiedenen Kiefern.

Halbschmarotzer

Gemeinsam ist diesen Unterarten, dass sich die klebrigen, weißen Beeren direkt oder durch Vogelkot auf der Rinde festhalten. In der Folge plattet sich die aus dem Samen treibende Wurzel ab, es entsteht eine so genannte Haftscheibe. Aus dieser senkt sich eine Hauptwurzel durch die Rinde bis in den Holzkörper des Nährastes, Seitenwurzeln treiben unter der Rinde weiter. Als Halbschmarotzer mit eigenem Blattgrün bildet die Mistel Nährstoffe. Dem Wirtsbaum entnimmt sie lediglich Wasser und gewisse Mineralien. Trotzdem kann es vorkommen, dass die Mistel mit der Zeit und mit zunehmender Größe ihren Wirt regelrecht aussaugt und zumindest gewisse Äste zum Absterben bringt.

Langsame Ausbreitung

Um 1900 wurde die Mistel nach Amerika verschleppt; möglicherweise wurde sie sogar von einem Gärtner absichtlich eingeführt, der sie zu kommerziellen Zwecken nutzen wollte. Nördlich von San Francisco hat sich die Mistel auf mehr als 20 dort einheimischen Baumarten etabliert. Erst seit ein paar Jahrzehnten hat man realisiert, dass sich die Mistel in langsamer Ausbreitung befindet. Im Botanischen Garten gedeiht sie schön brav auf einem Apfelbäumchen bei der Grotte und lässt ihre weißen Beeren genüsslich von Amseln, Misteln und Drosseln pflücken.

Die weißen Beeren der Mistel sind für Vögel eine Delikatesse.

Der Kälte trotzende Blüten

Sie feiern ihre Blütezeit dann, wenn wir noch dick im Wintermantel eingehüllt einen kleinen Spaziergang unternehmen. Wer duftet denn da so angenehm, reagiert gelassen auf Temperaturstürze, verzaubert scheinbar schlafende Gebüschformationen in Parks und Gärten und spendet viele heilende Substanzen, die in der Phytomedizin und Naturkosmetik sehr gefragt sind?

Spaziert man im Winter durch die Sammlung von schlafenden Pflanzen, fällt einem im Zaubernuss-Wäldchen etwas Erstaunliches auf: blühende Pflanzen mitten im Winter. Was als etwas allzu wagemutiger Akt erscheint, ist ein Zauber, den sich dieser Strauch bereits vor Jahrmillionen angeeignet hat. Er blüht in der kalten Jahreszeit mit dezenter dottergelber Farbe und gibt einen angenehmen Duft ab: Es handelt sich um den Strauch mit dem geheimnisvollen Namen Virginische Zaubernuss (*Hamamelis virginiana*), der in der kalten Jahreszeit allen Pflanzen in den Außenanlagen des Gartens die Show stiehlt.

Die Kälte lässt die Zaubernuss kalt

Zugegeben, die Konkurrenz im Kampf um die aktuellste und gegenwärtig schönste Pflanze ist in den Wintermonaten nicht besonders groß. Sogar die mutigen Frühaufsteher wie die Winterblüte (*Chimonanthus praecox*), die bei der Tuffsteingruppe auf wärmere Zeiten wartet, oder die Christrose (*Helleborus niger*), die im Heilpflanzengarten noch den Winterschlaf genießt, versuchen nicht, es der Zaubernuss gleichzutun. Die Fähigkeit, in einer sehr unwirtlichen Zeit zu blühen, grenzt also an einen Zauber. Es gibt kaum eine andere Pflanzengruppe, die so unbeirrt zu dieser kalten Jahreszeit ihre kleine zarten und zerbrechlich wirkenden Blüten öffnet. Erst wenn das Thermometer weit unter den Gefrierpunkt sinkt, rollen die Zaubernüsse ihre Blütenblätter ein, sobald es jedoch wieder etwas weniger kalt ist, beweisen sie unseren Augen und unserer Nase, dass sie die Kälte unbeschadet überdauern konnten.

Wenn im Laufe des Februars die reichlich vorhandenen Blüten verschwinden, dauert es einige Monate, bis sich kleine, samtige braune Nüsschen ausgebildet haben – dem «Zauber» im Winter folgt also erst im späten Frühling die «Nuss».

Falscher Hexenzauber und Explosionen

In der nordamerikanischen Heimat der Zaubernuss nennt man diese Sträucher «witch hazel», was so viel wie Hexenhasel bedeutet. Sieht man sich den Strauch, der bis zu sieben Meter hoch werden kann, etwas genauer an, so erkennt man denn auch die Ähnlichkeit zur Hasel. Hingegen wird fälschlicherweise auf eine Bedeutung für Hexen hingewiesen, denn in diesem Fall wurde der Ausdruck «witch» aus dem altenglischen Wort «wych» abgeleitet, was «biegsame Zweige» bedeutet.

Eine andere englische Bezeichnung, «snapping hazel», beschreibt die sensationellen Fähigkeiten der Zaubernüsschen, ihre Samen zu verbreiten. Wenn nämlich die am Boden liegenden Nüsschen ganz trocken werden und dabei schrumpfen, explodieren sie plötzlich mit einer beachtlichen Wucht, so dass einzelne Samen bis zehn Meter weit weggeschleudert werden. Dieser Mechanismus der Samenverbreitung hilft der Mutterpflanze, dass ihr Nachwuchs genügend Licht und Raum für das Auskeimen erhält. Die Samen lassen sich aber mindestens zwei Jahre Zeit, bis sie sich für die Keimung entscheiden.

Trendige Naturkosmetik

Einige Zaubernuss-Arten haben ihren Ursprung in Nordamerika, wo sie bereits die Indianer als Lotion mit abschwellender Wirkung gekannt haben. Die haselähnli-

Die Zaubernuss blüht unter Schnee und Eis.

chen Blätter und die Rinde der Zaubernuss enthalten ätherische Öle, Gerbstoffe und Flavonoide. Vor allem diese Substanzen verleihen den Zaubernuss-Essenzen ein sehr breites Wirkungsspektrum.

Als die ersten europäischen Siedler mehr und mehr den nordamerikanischen Kontinent besiedelten, hatten sie relativ wenige Medikamente in ihren Planwagen. Die Siedler profitierten damals vom medizinischen Wissen der Indianer und nutzten die antibakterielle Wirkung der Zaubernussblätter und -rinden bei Verletzungen. Auch erfuhren sie, dass Blattextrakte entzündungshemmend und lokal blutstillend wirken. Zusätzlich konnten die Blätter die lästigen Mücken fernhalten und die unangenehmen Wirkungen von Sonnenbrand lindern.

Auch heute erfreuen sich Zaubernuss-Präparate großer Popularität. Von der einfachen Aftershave-Lotion über Haarpflegemittel bis hin zu Medikamenten gegen Haut- und Mundschleimhautentzündungen sowie Venenerkrankungen finden Substanzen mit *Hamamelis*-Blättern und -Rinde eine immer größere Anwendung.

Auch Rutengänger vertrauen dem Zauber dieser Sträucher: Sie verwenden Zweige der Zaubernuss für ihre Wünschelrute. Sollten Sie also wegen einer Wasserader schlaflose Nächte haben, können Sie sich auf den Zauber dieses Strauches verlassen.

… und brachten ihm Gold, Weihrauch und Myrrhe

Vom Lamettaregen übergossen, im gleißenden Lichtermeer fast ertrunken, droht das letzte bisschen weihnächtlicher Besinnlichkeit unter den trampelnden Füßen einer Beschenkerhorde zermalmt zu werden. Und wenn im rechten Ohr «Oh du fröhliche» und im linken Ohr «Stille Nacht, Heilige Nacht» erdröhnt, so gilt es, diesem Universum aus künstlichem Tannenreisig und Glühweinschwaden zu entrinnen. Kaum haben die Ruhesuchenden die lärmige Lorrainebrücke verlassen, so finden sie auch, wonach das Herz begehrt: im Botanischen Garten ist die Stille eingekehrt.

In den Außenanlagen herrscht Winterruhe und der schon etwas melancholische Anblick lässt kaum erahnen, was für ein Farbenmeer uns schon in ein paar Monaten wieder erwarten wird. Hier und dort mag vielleicht noch eine blutrote Beere in den dunklen Eibennadeln unter der Schneedecke hervorlugen, doch wer sich nach üppigem Pflanzenwuchs sehnt, muss sich schon in die Schauhäuser begeben.

Durch die Stille des tropischen Grüns zu schreiten ist in dieser hektischen Jahreszeit ein besonderer Genuss; immer wieder wird die Besucherin von einer bizarren Frucht oder einer bunt schillernden Blüte überrascht. Etwas weniger grün, dafür aber nicht weniger interessant an ungewohnten Formen ist es im Sukkulentenhaus. Dort findet sich zwischen üppigen Aloen und grazilen Wolfsmilchgewächsen ein kleines Bäumchen, das etwas traurig ausschauen mag, aber besser denn je in die Jahreszeit passt: die Myrrhe.

Dass die Heiligen Drei Könige dem Jesuskind Weihrauch, Gold und Myrrhe als Geschenke mitgebracht haben, ist uns meist noch bekannt; worum es sich bei Myrrhe allerdings handelt, wissen wohl nur die wenigsten zu beantworten.

Von duftendem Gold …

Auch wenn der Gebrauch des Myrrhebaumharzes schon seit sehr langer Zeit in unserer Kultur verwurzelt ist, so lag die Quelle der wohlduftenden Substanz lange im Verborgenen. Wertvoll wie Gold war das getrocknete Harz, und wer eine Goldquelle kennt, der tut gut daran, den Ort geheim zu halten; dies mag wohl der Hauptgrund sein, warum der Schleier um den Myrrhebaum erst so spät gelüftet wurde. Wissenschaftlich wird der Baum der Familie der Balsambaum-Gewächse (*Burseraceae*) zugeordnet. Auch der Weihrauch (*Boswellia sacra*) gehört zu dieser Familie. Es handelt sich um eine ausschließlich tropische Familie, die vor allem in Afrika, Südamerika, im Nahen Osten und in vielen Teilen Asiens verbreitet ist.

Ähnlich wie unsere einheimischen Laubbaumarten lässt das Myrrhebäumchen (*Commiphora myrrha*) im November seine Blätter fallen. In seiner Heimat, dem nördlichen Äthiopien und Südarabien, hat jetzt die große Trockenzeit eingesetzt.

Der Name Myrrhe leitet sich von dem bitteren Geschmack des Harzes ab; «bitter» heißt auf Arabisch «murr» und von da aus ist der Sprung zu «Myrrhe» nicht mehr allzu groß. Will man der griechischen Legende glauben, so soll die Myrrhe nicht seit eh und je ein Baum gewesen sein. Einmal mehr haben die Götter einen Menschen, nämlich die Mutter von Adonis (dem später das gleiche Schicksal widerfahren ist) in eine Pflanze verwandelt.

… und bösen Geistern

Die Bäume und Sträucher der Balsambaum-Gewächse führen in ihrer Rinde große Harzkanäle. Seit Jahrtausenden werden diese Harze vom Menschen gesammelt und für vorwiegend kultische Zwecke verwendet.

Schon lange bevor Myrrhe und Weihrauch in unseren Kirchen Einzug hielten, wurden sie im nordafrikanischen Raum eingesetzt. In ägyptischen Grabstätten fand man eine große Menge an Weihrauch und bei der Einbalsamierung der Toten soll die Myrrhe eine wichtige Rolle gespielt haben. Etwas profaner mutet die Tatsache an, dass die Räuchergefäße oft in den Aborten aufgestellt wurden, um die bösen Geister fern zu halten – der angenehme Duft und die desinfizierende Wirkung wurden dabei sicherlich ebenfalls geschätzt. Aber auch im kühlen Computerzeitalter ist die Myrrhe kaum wegzudenken. Für die Parfümindustrie stellt sie einen wichtigen Fixierstoff dar und in der Medizin wird vor allem ihr Öl geschätzt. Dieses wird aus dem Harz gewonnen und findet als Heilmittel besonders bei Tumorerkrankungen Verwendung. Zudem ist die Nachfrage nach Harz zu Räucherungszwecken in den letzten Jahren gestiegen. Für die Bewohner der an Rohstoffen armen Länder Nordostafrikas bildet das Sammeln des Harzes der Myrrhebäume ein willkommenes Zusatzeinkommen.

Der Weihrauchbaum lässt im Winter die Blätter fallen.

Auf dem Rückweg

Hat man sich erst an der Stille des Gartens erlabt, so kann man den Rückweg getrost angehen. Es empfiehlt sich dabei, den Weg durch das Alpinum zu nehmen und kurz vor dem Ausgang den dunkelgrünen, säulenartigen Weihrauch-Wacholder (*Juniperus thurifera*) zu bestaunen. Unter der weißen Schneedecke wirkt er besonders dekorativ, und reibt man etwas an seinen Blättern, wird einem auch bewusst, woher dieser Baum seinen deutschen Namen hat.

Da beißt sogar der Zilpzalp an

Kuppeln kleiner Kathedralen, in denen Nektartropfen hängen: Die Blüte der Kanarine ist ein architektonisches Wunderwerk. Sie ist die Nationalblume der Kanaren und wächst auch im Sukkulentenhaus.

Die Kanarine (*Canarina canariensis*) ist nur auf den Kanarischen Inseln heimisch, wie rund 660 weitere Pflanzenarten, welche als Kanaren-Endemiten gelten und typisch für die einzigartige Flora dieser subtropischen Inseln sind. Die Kanarine wächst in lichten Lorbeerwäldern. Da diese allerdings in den letzten Jahrzehnten stark gerodet wurden, ist sie in ihrer Heimat bedroht, obwohl sie als Nationalblume diese Inselgruppe verkörpert.

Weihnachtsschmuck

Die Kanarine ist ein ausdauerndes Kraut, das zum Klettern neigt und bis zu drei Meter hoch werden kann. Sie bildet knollige Speicherwurzeln aus und führt einen gummiartigen, bitteren Milchsaft. Auffallend sind die große glockenförmigen Blüten, die lebhaft orangerot gefärbt sind. Von Anfang Dezember bis ins Frühjahr stehen die Pflanzen in Blüte – Weihnachten auf dem Monte Verde (Teneriffa) muss wunderschön sein, wenn sie die Böschungen blühend überziehen! Man braucht aber nicht ganz so weit zu reisen, um sie zu sehen: Die Kanarine gedeiht auch im Sukkulentenhaus bei den Kanaren-Pflanzen.

Blick in die Kathedrale: Um die Weihnachtszeit leuchten die Blüten der Kanarine.

Die Gattung *Canarina* gehört zur Familie der Glockenblumengewächse (*Campanulaceae*). Sie unterscheidet sich von den uns bekannten blaublütigen Glockenblumen (*Campanula* sp.) durch ihre Farbe, aber auch durch ihre sechszählige Blütenhülle und die saftigen, essbaren Beerenfrüchte. Demgegenüber haben unsere blauen Glockenblumen eine fünfzählige Blütenhülle und zwei trockene Kapselfrüchte. Zwei weitere Vertreter der Gattung *Canarina* kommen in den tropischen Gebirgen Ostafrikas vor. Dieses Verbreitungsmuster teilt die Kanarine mit zahlreichen Pflanzen der Kanarischen Inseln. Man nimmt an, dass diese Gebiete während der Zeit des Tertiärs vor rund 19 Millionen Jahren ein zusammenhängendes Areal bildeten.

Physikalische Tricks

Die wächsernen Blüten der Kanarine können einen Durchmesser von bis zu fünf Zentimetern erreichen. Ein purpurfarbiges Adernetz überzieht ihre Innenwände. Hell leuchtet der hellgelbe Bürstengriffel in der Mitte. Im Blütenboden, oben in der Glocke, befindet sich der Nektar, gehalten durch seine Oberflächenspannung sowie von den Staubblättern, die sich gebogen dem Tropfen anschmiegen. Erst durch heftiges Schütteln tropft der Nektar herunter, ein physikalisch ausgeklügeltes architektonisches Wunderwerk!

Vogelblüte

Alle Merkmale der Blüte deuten darauf hin, dass die Kanarine von Vögeln bestäubt wird: die Größe, die leuchtend orangerote

Farbe, die große Menge Nektar und die Tatsache, dass die Blüte keinen Duft verströmt. Nektarvögel oder Kolibris, die aufs Sammeln von Nektar spezialisiert sind, gibt es indessen keine auf den Inseln. Es wird aber beobachtet, dass die Kanarine von Weidenlaubsängern, auch Zilpzalp genannt, besucht wird, die den Nektar trinken und so die Bestäubung vollziehen. Das ist deshalb erstaunlich, weil der Weidenlaubsänger eigentlich ein Insektenfresser ist. Meist versucht der Zilpzalp den Nektar von einem benachbarten Zweig aus zu erreichen. Gelingt ihm das nicht, krallt er sich am Saum der frei hängenden Glocken fest und versucht mit seinem Schnabel kopfüber zum Nektar zu gelangen. Oftmals zeigen deshalb die Blüten an ihren Standorten in der Natur Krallenspuren. Dem Kanaren-Zilpzalp kommt bei den Blütenbesuchen seine geringe Größe zugute: mit seinen 11 Zentimetern ist er einer der kleinsten Singvögel der Inseln. Seine geringe Körpergröße macht er allerdings durch seinen häufig vernehmbaren Gesang wett. Wieder und wieder tragen die Vögel eine Tonfolge vor, aus der sich ihr Name ableitet: «zilp zalp zilp zalp zilp zalp».

Drachenbaum und Wolfsmilch

Im Kanarischen Teil des Sukkulentenhauses finden sich noch weitere Pflanzen aus dieser Inselgruppe, darunter der berühmte Drachenbaum (*Dracaena draco*). Er gehört zur Familie der Drachenbaumgewächse (*Dracaenaceae*), die rund 220 Arten umfasst und mit den Liliengewächsen nahe verwandt ist. Der Kanarenforscher Hermann Christ hat den Drachenbaum 1885 folgendermaßen beschrieben: «Das ganze gleicht einem riesenhaften Pilz von überaus fremdartigem, starrem Aussehen, eher einem Steingebilde als einer Pflanze ähnlich.» Der Grund für diesen charakteristischen Wuchs liegt darin, dass sich der Spross nach jeder Blüte oder bei abgebrochenen Ästen in zwei oder mehrere Triebe teilt. Daher rührt auch sein Name: Einem Drachen wachsen «bekanntermaßen» mehrere Köpfe nach, wenn man einen abschlägt. Zudem tritt bei Verletzungen ein blutroter Saft aus dem Stamm des Baumes aus, der zu Harz erhärtet und Drachenblut genannt wird. Die Guanchen, die Ureinwohner der Kanaren, benutzten dieses zur Mumifizierung ihrer Toten. Im Mittelalter war Drachenblut so wertvoll wie Gold, und es wurde früher als Beizmittel für Streichinstrumente verwendet. Die große Nachfrage hat die Art an den Rand der Ausrottung geführt.

Aus den sehr trockenen Inselteilen stammen einige Wolfsmilchgewächse (*Euphorbiaceae*). Dabei ist die Wuchsform der Kanaren-Wolfsmilch (*Euphorbia canariensis*) außergewöhnlich. Ihre kandelaberartigen Säulen ähneln einem Kaktus, da die Blätter völlig reduziert sind, um die Verdunstungsoberfläche zu reduzieren. Die Photosynthese findet in den grünen Stämmen statt.

Kletterpflanzen, die von insektenfressenden Vögeln bestäubt werden, blutende Drachenbäume und kaktusähnliche Wolfsmilchgewächse: Die Kanarischen Inseln weisen wahrlich eine einzigartige Flora auf.

In Afrika ist alles anders

Es wird erzählt, dass sich südlich des Äquators der Wasserwirbel beim Auslaufen der Badewanne gegen den Uhrzeigersinn dreht und man keinen Mann, sondern einen Hasen im Mond sieht; die Sonne steht am Mittag im Norden und Weihnachten ist in den großen Sommerferien. Müssen die Pflanzen aus dem südafrikanischen Kapland deshalb bei uns an der Decke gepflanzt werden?

So verschieden sind Pflanze und Mensch gar nicht. Bei beiden gibt es sehr unterschiedliche Muster, wenn sie denn einmal ihre Heimat verlassen. Während die einen auch im tiefsten Afrika am liebsten Berner Rösti essen, behalten andere ihren Blührhythmus bei, selbst wenn die Jahreszeiten auf den Kopf gestellt werden. Andere wiederum passen sich bestens an die neue Umgebung und die neue Lebensweise an. So blühen zum Beispiel die Balkongeranien (*Pelargonium* sp.) in unserem Sommer, zu einer Zeit, wo sie zu Hause in Afrika in Winterruhe wären. Wir holen sie im Frühling aus dem Keller und lassen sie während des Sommers blühen. Viele Pflanzen steuern ihre Blütezeit nach der Länge der Tage und sind so in der Lage, sich sogar dann anzupassen, wenn sich der ganze Jahresrhythmus um ein halbes Jahr verschiebt.

Die letzte Hoffnung der Aloe

Anders als die Pelargonien sind die Aloen typische Kurztagspflanzen. Wenn die Tage kürzer werden, ist dies das Startsignal für die Aloen, ihre auffälligen, leuchtend gelben oder orangen Blütenstände auszubilden. In einer Zeit, in der es draußen eher etwas düster ausschaut, leuchten diese Blüten wie Fackeln im Sukkulentenhaus. In ihrer Heimat dient die leuchtende Farbe dazu, kolibriähnliche Nektarvögel anzulocken. Am längsten blühen die Ostkap-Aloe (*Aloe africana*) und die Lebombo-Aloe (*Aloe sessiliflora*), die in ihrer Heimat wie Kerzenständerbäume in der öden Grassteppe stehen. Die Kap-Aloe (*Aloe ferox)* gedeiht im Sukkulentenhaus besonders imposant und kräftig. Sie ist in Südafrika ganz besonders beliebt, weil das schleimige Fleisch ihrer Blätter wie das von *Aloe vera* in der Pharmazie Verwendung findet. Angeblich nutzen die Zulus diesen Schleim, um damit die Würmer aus den Gedärmen ihrer Tiere zu vertreiben. Gegen Winterende blüht der Köcherbaum (*Aloe dichotoma*). Mit seiner ausgesprochenen symmetrischen Wuchsform ist er eine der auffälligsten Erscheinungen in den trockenen Gebieten im südlichen Namibia. Als erster Europäer sah ihn Simon van der Steel im Jahre 1685. Er berichtete von den einheimischen Buschmännern, die kunstvoll verzierte Köcher für ihre Pfeile daraus anfertigten. Das natürliche Verbreitungsgebiet der Aloen liegt in der Alten Welt. Sehr viele Arten gedeihen in den Trockengebieten von Südafrika, es gibt aber auch einige in Madagaskar, Arabien und auf den Kanarischen Inseln. Insgesamt werden 365 Aloe-Arten unterschieden und zur Familie der Grasliliengewächse (*Asphodelaceae*) gezählt.

Schön – aber äußerst giftig

Im Farnhaus finden wir weitere Pflanzen aus Südafrika. Eine davon können wir schon von weitem riechen: den Schöngiftbusch (*Acokanthera oppositifolia*). Anders als die Aloen locken seine Blüten nicht etwa Nektarvögel an, sondern er hat es mit seinem süßen Duft vielmehr auf die Nachtschwärmer abgesehen. Nachtfaltern ist der Nektar am Grunde der langen Blüten zugänglich, da sie einen langen Rüssel besitzen und ihn im Flug aufnehmen können. Der süße Duft ist aber trügerisch, denn bei der Pflanze handelt es sich um eine potente Giftpflanze. Aus dem Holz und aus der Rinde werden Giftpfeile angefertigt. Dazu werden Holzschnipsel im Wasser zu einer teerähnlichen Substanz eingekocht, mit der die Spitzen der Pfeile bestrichen werden. Oft gehören auch Schlangenköpfe und Schildkrötenfüße in die gefährliche Rezeptur. Die Wirksamkeit solcher Beigaben mag angezweifelt werden – das Schöngiftpräparat ist mit Sicherheit sehr wirkungsvoll. Ein von einem solchen Giftpfeil getroffener Mensch stirbt innerhalb einer halben Stunde.

Paradiesvögel

Ebenfalls im Farnhaus gedeihen zwei Strelitzien-Arten, die mit ihren eigentümlichen Blüten beeindrucken. Während uns die kleinere Strelitzie oder Paradiesvogelblume (*Strelitzia reginae*) von Blumensträußen bekannt ist, dürfte die Weiße Strelitzie (*Strelitzia alba*) für viele Besuchende den winterlichen Durst nach Exotischem und Unbekanntem stillen. Beide Arten sind in den östlichen Gebieten von Südafrika zu Hause, wo sie meist in feuchten Wäldern und entlang von Gewässern zu finden sind. Ihren etwas exzentrischen Namen hat die Pflanze zu Ehren der englischen Königin Charlotte, einer geborenen Prinzessin von Mecklenburg-Strelitz und Gattin von König Georg III., erhalten. Im südlichen Afrika sind etwa fünf verschiedene Strelitzien-Arten bekannt, welche ihrer eigenen Familie, den Strelitziengewächsen (*Strelitziaceae*), angehören, jedoch mit den Bananengewächsen (*Musaceae*) nahe verwandt sind. Die Blüten triefen meistens vor Nektar – ein wahres Schlaraffenland für die Nektarvögel, welche die grellen Komplementärfarben schon von weitem wahrnehmen. Beim leuchtenden Orange der Paradiesvogelblume lässt sich gut von der Wärme Südafrikas träumen, wo während unseres kalten Winters Sommer herrscht und wo die Pflanzenwelt so ganz anders ist als bei uns, dass man schon den Eindruck erhalten könnte, die Welt stehe Kopf.

Die roten Blüten einer Aloe ziehen Nektarvögel an.

Abschied vom unsäglichen Gummibaum

Kein durchschnittliches Schweizer Wohnzimmer ohne Yucca-Palmen oder Ficus-Benjamin, nicht zu vergessen auch der unsägliche Gummibaum. Zimmerpflanzen gibt es aber weit interessantere als dieses Grundinventar einer jeden Zahnarztpraxis. Wenn es draußen grau und düster ist und die Nebel phantomartig unter der Lorrainebrücke durchziehen, sehnt man sich einmal mehr nach dem üppigen Grün auf den Fensterbänken. Dass Zimmerpflanzen weit mehr als das gewöhnliche Trio sein können, soll der folgende Artikel beweisen.

Geben Sie es zu: So richtig gefreut haben Sie sich damals nicht, als Ihnen Ihre Bekannte die braunen Holzstämmchen mit den paar Blättern – botanisch wird das Unding Yucca-Palme genannt (obwohl es sich bei der Pflanze nicht einmal um eine richtige Palme handelt) – zur Wohnungseinweihung mitgebracht hat. Ihrer schon fast sprichwörtlichen Anspruchslosigkeit entsprechend gedeiht die Pflanze denn auch bei wenig Aufmerksamkeit prächtig. Aber gerade in den Tagen, da man das Grün in den eigenen vier Wänden mit etwas mehr Aufmerksamkeit betrachtet, würde man sich doch manchmal schon nach etwas mehr als dem nur Altbekannten sehnen.

Ein Besuch der Gewächshäuser ist als Ideenquelle für die Neubegrünung der Fensterbank sicher der erste und beste Schritt, den es zu unternehmen gilt. Im Garten selbst sind nun zwar auch die letzten bunten Herbstfarben verglüht, dafür locken einmal mehr die tropischen Schauhäuser. Platz und Aufwand, welche wir für unsere neuen Zimmerpflanzen aufbringen wollen, bestimmen denn auch gleich, in welches der drei großen Schauhäuser wir uns begeben wollen.

Für Zeitknappe und Vergessliche …

… lohnt sich ein Gang in das unterste der drei Schauhäuser, das Sukkulentenhaus. Dort finden wir Pflanzen, welche der Trockenheit gut angepasst sind und denen es auch kaum etwas ausmacht, wenn man sie einmal für eine Weile vergisst. Neben den im November sehr hübsch blühenden Lebenden Steinen (*Lithops* sp.), wäre da sicher auch die Flaschenpflanze (*Jatropha podagrica*), ein eher etwas ungewohnter Anblick und eine Inspirationsquelle für die heimische Fensterbank. Die ästhetischen Urteile über die dickbauchige Pflanze aus Guatemala mögen zwar wohl sehr unterschiedlich ausfallen, jedoch hat die Pflanze jedem Gummibaum etwas voraus: Die Flaschenpflanze verzeiht nachläßiges Gießen sehr viel besser als jeder Gummibaum. Der bauchige Stamm der Pflanze ist nämlich ein Wasserreservoir, auf welches sie in Notzeiten zurückgreifen kann. So gut die Pflanze das Wasser entbehren kann, so fest ist sie auf einen wirklich hellen und sonnigen Platz angewiesen. Der Gast aus dem Süden hat seine sonnige Heimat eben nicht wirklich vergessen, und wenn die Tage hier kurz und trübe werden, kann es schon einmal vorkommen, dass die Pflanze ihre Blätter protestartig abwirft und in dieser Weise einmal mehr unsere Zimmerpflanzenliebe auf die Probe stellt. Doch das Warten lohnt sich, und wenn man die Pflanze im Frühling wieder regelmäßig gießt, beglückt sie uns nicht nur mit wunderschönen Blättern, sondern auch mit korallenroten Blütenständen.

Die etwas Anspruchsvolleren …

… finden im mittleren Schauhaus, was nicht nur jeden Ficus-Benjamin in den Schatten stellt, sondern was im Schatten von Letzterem auch immer noch bestens gedeiht. Zwei Pflanzen sind es, die so wunderschön sind, dass man sie durchaus öfter pflegen sollte.

Die Rede ist zum einen vom Kaffeestrauch (*Coffea arabica*), der uns nicht nur tagtäglich mit seinen köstlichen Samen belohnen könnte, sondern eben auch für das Auge einiges zu bieten hat. Und wenn an grauen Nebeltagen die dunkelgrünen Blätter ihren schönen Glanz zum Besten geben und man unter dem dekorativen Busch an einem Tässchen aromatischen Kaffees nippt, ist es mehr als unverständlich, warum der Kaffee nicht des Öfteren in unseren Wohnzimmern und Wintergärten zu finden ist. Die weißen Blüten entwickeln sich das ganze Jahr über und verströmen einen betörenden Duft, bevor sie sich dann zu violettroten Kernfrüchten entwickeln. Eigentlich ist er ein anspruchsloser Kerl, welcher ursprünglich aus den Bergwäldern Äthiopiens stammt. Dort, wie auch bei uns, begnügt er sich mit sehr wenig Licht, er braucht aber eine genügend hohe Luftfeuchtigkeit.

Die Antipode der Yucca-Palme

Einige Schritte vom Kaffeestrauch entfernt können wir eine Pflanze erblicken, die wohl nur den Pflichtbewusstesten zur Pflege anvertraut werden sollte. Ein Prachtsexemplar eines Baumfarnes (*Dicksonia antarctica*) streckt seine Wedel ähnlich wie eine Palme aus dem dichten Grün, das ihn umgibt. Baumfarne stellen nicht nur botanisch gesehen eine Antipode zur Yucca-Palme dar, sondern auch in Bezug auf ihre Pflegebedürfnisse. Systematisch gesehen haben wir es mit einem Farn zu tun, was einem spätestens dann bewusst wird, wenn man die Sporenbehälter auf den Blattunterseiten entdeckt. Baumfarne sind lebende Fossilien, und es grenzt an ein Wunder, dass sie all die Jahrmillionen mit Eiszeiten und unwirtlichsten Bedingungen überlebt haben. Damit sie auch noch den kommenden Generationen erhalten bleiben, sind sie geschützt und der Handel mit ihnen unterliegt den Bestimmungen des internationalen Artenschutzabkommens. Heute kann man die Baumfarne vor allem in schattigen Schluchtwäldern in Australien und Tasmanien finden.

Der Baumfarn ist ein schöner, aber anspruchsvoller Gast in unseren Stuben.

Baumfarne stellen als Zimmerpflanzen bezüglich Licht sicher keine großen Ansprüche, wohl aber an die Luftfeuchtigkeit und an die Zimmertemperatur. Zudem beanspruchen sie viel Platz, da ihre Blätter bis zu zwei Meter lang werden und sie einen bis zu sieben Meter hohen Stamm bilden. Es scheint somit klar, dass sich solche üppig gedeihenden Baumfarne nicht mit einer schmalen Fensterbank begnügen. Aber im Botanischen Garten, da fühlen sich einige besonders stattliche Exemplare sehr wohl und lassen sich bei einem Besuch gerne bestaunen.

Verzeichnis der Pflanzennamen

Deutscher Name (Familie) **Seite**

Bildnachweis:

© Adrian Möhl: 14o, 14m, 15m, 15u, 17oo, 17om, 17um, 16um, 18om, 18uu, 20oo, 20om, 20um, 20uu, 21o, 21m, 28, 29, 31, 39, 41, 47, 50, 57, 58, 59, 61, 66, 70, 73, 74, 79, 81, 83, 85, 90, 93, 98, 101, 105, 112, 115, 123, 153, 155, 156, 167, 169
© Beat Fischer: 37, 103, 134, 137, 164
© Carol Gracie: 109, 138
© Daniel Moser: 76
© Dominik Käuferle: 151
© Guido Bieri: 51, 133, 149
© Konrad Lauber: 33, 48, 95
© Markus Bürki: 14u, 15o, 16oo, 16om, 18oo, 18um, 19oo, 19om, 19um, 19uu, 21u, 22, 25, 27, 35, 42, 44, 53, 55, 62, 65, 69, 86, 96, 106, 111, 116, 119, 125, 127, 130, 159, 161
© Omar Blangiardi: 129
© Scott Mori: 141, 145, 146
© Stefan Eggenberg: 89, 120
© Thomas Mathis: 101, 104, 142
© Markus Rüfenacht: 16uu, 17uu
© Archiv Botanischer Garten: 10, 11, 12

Dank

Zahlreiche Personen haben zum Gelingen unseres Buches beigetragen. Ihnen allen gebührt ein riesiges Dankeschön, besonders unseren «Aquis», den Mitgliedern des Vereins Aquilegia. Dank der vielen Artikel, die in der «Berner Woche» des «Bund» veröffentlicht wurden, stand uns eine große Fundgrube zur Verfügung. Bei der Auswahl der Artikel und beim Redigieren half Claudia Huber tatkräftig mit. Sie begleitete unser Buchprojekt seit den Anfangszeiten und gab uns wichtige Impulse. Für die Grafik und das Layout war John Philip Berry zuständig. Dank seiner Mitarbeit und Hilfe konnte das vorliegende Werk erst zum Blühen gebracht werden. Regine Balmer vom Verlag Paul Haupt AG stand uns stets sehr zuvorkommend zur Seite. Ihr und dem Verlag gebührt unser Dank ebenfalls.

Einen herzlichen Dank möchten wir auch den ehemaligen Direktoren des Botanischen Gartens, Prof. Otto Hegg und Prof. Klaus Amman aussprechen. Sie unterstützten unseren Verein seit seinem Bestehen tatkräftig und ließen uns in all den Jahren den nötigen Freiraum für unsere Aktivitäten. Ganz speziell möchten wir uns beim gesamten Garten-Team, insbesondere bei Christian Bühler und Peter Leuthold, bedanken. Dank ihrem unermüdlichen gärtnerischen Einsatz gedeiht im Garten diese enorme Artenvielfalt in den schönsten Formen und Farben. Mit ihrem Fachwissen waren sie für uns stets wichtige Ansprechpartner und gaben uns oft neue Impulse.

Die meisten Fotos in diesem Buch wurden von uns im Botanischen Garten Bern und teilweise auch in der freien Wildbahn geknipst. Ergänzend durften wir Fotomaterial von verschiedenen Personen verwenden. Besonderer Dank gebührt dabei Markus Bürki. Er stellte uns seine umfangreiche Fotosammlung vom Botanischen Garten zur Verfügung. Auch allen weiteren Personen, die uns Bildmaterial überließen, danken wir sehr gerne: Guido Bieri, Omar Blangiardi, Stefan Eggenberg, Carol Gracie, Dominik Käuferle, Konrad Lauber, Scott Mori, Daniel M. Moser und Markus Rüfenacht.

Weitere Personen denen wir ein herzliches Merci widmen: Thomas Allenbach und Dani Landolf, den ehemaligen Redaktionsleitern der «Berner Woche» des «Bund», Omar Blangiardi, Alexander Fischer, Maya Valentin und Richard Werder für grafische Inputs, Guido Bieri, Peter Schmid und Eva Styner für redaktionelle und sprachliche Anregungen. Ein blumiges Dankeschön gilt all denen, die uns wertvolle Hinweise und konstruktive Ideen anboten: Natalie und Martin Baumann, Michael Dietrich, Daniel Gaberell, Res Hofmann, This Wachter und Luk Wartenweiler.

Dank gebührt auch folgenden Organisationen, die unser Buch mit einem finanziellen Beitrag unterstützten:

Bernische Botanische Gesellschaft
Burgergemeinde Bern
Gesellschaft zu Ober-Gerwern, Bern
Loeb AG, Bern (Prix Chapeau)
Lotteriefonds des Kantons Bern
Pro Flora – Förderverein, Bern
Stiftung für den Botanischen Garten Bern
Zunft zu Mittellöwen, Bern